원자핵의 세계

물질의 궁극을 해명한다

모리다 마사토 지음
손영수 옮김

전파과학사

머리말

현대에 있어서의 우리의 일상생활은 직접이건 간접이건 광범위하게 원자핵물리학의 은혜를 입고 있다. 국토는 좁고 자원이 부족한 일본의 가공 산업을 지탱하고 있는 원자력발전을 비롯해서 공업제품의 품질관리를 위한 방사성동위원소, 농업시험이나 생물실험에 있어서의 추적자, 해마다 정기건강진단에 쓰이는 뢴트겐 사진이나 코발트방사선에 의한 암 치료 등 헤아리면 한이 없다. 또 대국 간의 원수폭 내지는 원자력잠수함의 보유 경쟁도 정치정세의 균형상, 일본에도 전혀 무관계일 수는 없는 문제다.

그에 반해서 물리교과서를 펼치면 원자핵 이야기는 책의 맨 끝 한 장에 조금 정리해 놓았을 정도다. 더구나 학년말이 되면 시간이 모자란다거나, 또 입시에는 나오지 않는다고 해서 그냥 넘어가는 일이 많은 듯하다.

이렇게 중요한 주제인데도 불구하고 냉대를 받고 있는 현상을 참작하여 이 책에 주어진 과제는 예비지식 없이 읽을 수 있고, 중학생도 알 수 있게 원자핵물리학의 기초와 진보, 그리고 최근의 성과를 해설하는 데 있다. 이 목적을 다하기 위해 먼저 수식을 빼기에 극력 힘썼다. 그러나 독자는 덧셈은 알아야 한다. 곱셈은 거의 불필요하나 예외로 몇 군데 곱셈을 사용한 데가 있다. 또 독자에게는 알파벳을 판독할 능력이 있어야 한다. 이것은 원소를 화학기호로 표기하였기 때문이다.

원자핵의 세계는 아주 규모가 작은 세계다. 이를테면 원자핵의 반지름은 약 10^{-12}㎝ 즉 1조 분의 1㎝에 불과하다. 이 같은 마이크로의 세계에서는, 일상적인 마이크로한 역학과는 다른 역학이 작용한다. 그것은 양자역학(量子力學)이라고 부르는 것이다. 거기서는 이 세상의 상식이 통하지 않는 장면에 부딪치는 수가 있다. 에너지나 각운동량이 연속적으로 변화하지 않고, 띄엄띄엄한 값을 취할 수 있다.

원자핵이나 소립자가 돌멩이나 공과 매우 다른 점은 스핀이나 반전성이라는 요소를 갖는다는 것이다. 스핀은 자전의 자유도이기 때문에 비교적 쉽게 이해가 된다. 반전성은 고전역학에는 대응물이 없다. 그러나 알기 쉽게 설명할 생각이다.

원자핵의 세계에서는 질량과 에너지의 상호 교환이 가능하다. 아인슈타인의 상대성이론에 따르면 질량 m의 입자는 mc^2의 에너지와 동등하다(c는 광속). 이 책에서는 이런 현상을 몇 군데서나 발견하게 될 것이다. 거기서 정지질량은 벌써 에너지의 한 형태로서 다루어진다. 원자핵 질량의 일부분이 연료로 소비되어 발생한 열량이 원자력 에너지다. 독자 여러분은 어떤 조건일 때 원자핵이 연소할 수 있는가를 이해하게 될 것이다.

원자핵의 연소 즈음해서는 원소의 변환이 일어난다. 특히 핵융합반응에서는 양성자에서 차례로 무거운 원소가 만들어져가는 과정을 알게 된다.

이 반응은 태양이나 항성 속에서 지금도 진행되고 있다. 그러나 이 책에서는 이와 같은 별의 진화에 대해서는 언급하지 않는다. 또 별 속의 물질이 중력에 의해 수축하고, 거대한 한 개의 원자핵으로 화한 중성자성도 원자핵물리학의 측면에서 연구가 진행되고 있지만 이것도 제외한다.

원자핵의 방사능이나 인공방사성원소의 발견에 대해서는 특히 소상하게 소개했다. 방사성원자핵은 자발적으로 방사선을 방출하여 붕괴하고 다른 원자핵으로 변환하지만, 원자핵반응은 가속된 입자를 원자핵에 충돌시켜 원자핵변환을 강제하는 과정이다. 이들 현상에서 원자핵의 윤곽이 차츰차츰 부각된다. 이렇게 해서 창조된 원자핵상을 모형으로 몇 가지 예시했다.

　원자핵의 응용은 크게 나누면 방사선원으로서의 이용과 에너지원으로서의 이용이다. 새로이 등장한 제3의 응용은 물리학의 틀을 짜는 데 관한 자연법칙의 대칭성 테스트다. 이 그다지 일상생활과 관계없는 응용 분야는 미래 물리학에 새로운 시야의 전개를 가져오는 수단으로 주목되고 있다.

　이 책이 장래의 일본을 짊어지고 나갈 젊은 세대에게 원자핵물리학에 대한 흥미를 불러일으키는 데 도움이 된다면 다행이다. 더 자세하고 깊은 설명을 바라는 독자에게는 양자역학의 입문서를 읽어 보도록 권한다.

　끝으로 수많은 도움말과 편의를 주신 고단사의 이쿠고시(生越孝) 씨, 또 자료를 준비하신 모리다(森田玲子) 박사에게 감사드린다.

모리다 마사토

차례

머리말 3

1장 원자핵이란 무엇인가? ··· 13
물질의 최소단위 14
아톰 15
입자선으로 자른다 18
물질의 궁극입자 20
물질의 계층 22

2장 원자핵의 발견 ·· 25
러더퍼드의 실험 26
예전의 원자핵 모형 28
중성자의 발견 30
하이젠베르크의 원자핵 모형 33
원자핵의 종류, 핵종 34
원자핵은 변이한다 38
방사성원소 41
방사성원자핵의 수명 41
초우라늄원소 43
운모 속에 초중원소가 있는가? 46

3장 원자핵 구조 ········· 51

핵력　52
핵자의 에너지는 건너뛴 값　55
원자핵은 핵자의 아파트, 껍질모형　57
아파트 값의 차액이 광양자가 되어　59
원자핵은 막대자석　62
스핀　65
원자핵 아파트의 번지, 양자수　68
반전성이란 무엇인가　74
반응하는 물리계　76

4장 원자핵 붕괴 ········· 79

방사능의 발견　80
붕괴계열　83
전자볼트　84
알파붕괴　85
감마붕괴　89
베타붕괴란 무엇인가?　93
베타붕괴의 페르미이론　101
베타붕괴의 유가와이론　102
동양과 서양　104

5장 소립자와 그 상호작용 ········· 109

소립자의 분류　110
소립자를 식별하는 물리량　112

소립자 상호작용　　119
　　강한 상호작용　　120
　　전자기 상호작용　　121
　　약한 상호작용　　122
　　만유인력　　124
　　제5의 힘　　124
　　가속기　　125

6장 원자핵 반응 ………………………………………… 131
　　다양한 원자핵 반응　　132
　　원자핵 반응의 발견　　137
　　복합핵　　137
　　인공방사능의 발견　　140
　　벗기기 반응　　145
　　중이온 반응　　147
　　원자핵의 집단운동모형　　148

7장 핵분열과 핵융합 …………………………………… 153
　　원자핵의 결합에너지　　154
　　핵분열　　156
　　원자핵의 물방울모형　　158
　　연쇄반응과 원자로　　159
　　꿈의 증식로　　161
　　핵융합　　163
　　핵융합로　　164
　　플라즈마　　168

8장 에키조틱 아톰과 하이퍼핵 ········· 171

포지트로늄과 뮤오늄　172
에키조틱 아톰　174
뮤오닉 아톰　175
뮤X선　177
원자핵에 의한 뮤입자포획　180
파이오닉 아톰　181
하이퍼핵　182
기묘도 교환반응　184
하이퍼핵의 붕괴　187

9장 소립자핵반응 ········· 189

파이중간자 생산　190
람다입자와 세타입자의 쌍창생　192
거품상자 사진　195
파이중간자 조사에 의한 암 치료　196
중이온조사에 의한 암 치료　200
의료용 파이중간자 생산시설　201

제10장 자연법칙의 불변성과 그 붕괴 ········· 205

물리학에서의 대칭성　206
공간반전　209
타우 세타 퍼즐　209
리, 양의 이론　211
우 교수의 실험　213

반전성 비보존　215
하전공간에서의 대칭성　220
베타입자의 종편극　220
입자·반입자 변환에 대한 불변성의 붕괴　223

1장
원자핵이란 무엇인가?

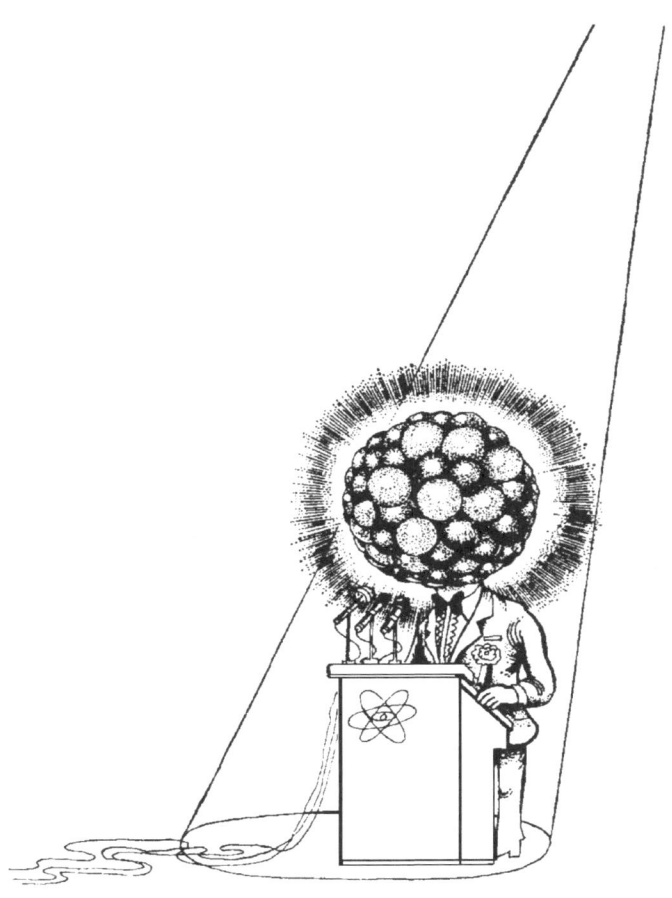

물질의 최소단위

원자핵은 우리의 세계관, 물질관에서 어떤 자리를 차지할까?

우리 조상은 아득한 옛날부터 밤마다 별이 총총한 하늘을 바라보며 우리가 살고 있는 은하계나 다른 여러 은하계를 포함하는 우주가 존재한다는 것을 배워 왔다. 이야기의 출발점을 이 우주에 두자. 물질의 최대단위가 이 우주이다. 우리는 우주 내의 물질의 분포에서 이 우주의 시간·공간적 구조를 지각할 수 있다.

우주 내에서의 물질밀도가 진한 영역은 각 은하계이며, 그중에서도 밀도가 높은 부분은 별이라고 알려져 있다(〈그림 1〉 참조). 중성자별(성내 물질이 자기 중력으로 수축하고, 중성자만으로 이루어진 항성으로 펄서가 이에 대응한다)은 별 중에서도 밀도가 최대이다. 별의 크기와 밀도에 특정한 조건이 채워질 경우는 검은 구멍이 생긴다. 현재의 과학에서는 중성자별을 한 개의 거대한 원자핵으로 다루기도 하지만 어려운 논의가 필요하므로 이것은 피하기로 하고 앞으로 나가겠다.

우리 은하계에서는, 더 작은 물질단위로서 태양계나 하나의 별을 생각할 수 있다. 우리 지구도 그중 하나이다. 지구 표면은 물이나 흙으로 덮여 있다. 이와 같이 우리가 손으로 잡을 수 있고 만질 수 있고 또 눈으로 볼 수 있는 물질도 부숴가면 차츰차츰 작은 덩어리가 되어버린다.

고대 그리스 사람들은 이 같은 물질의 분할이 한없이 계속될 수는 없다고 생각했다. 그리고 이 이상 더 쪼갤 수 없는 물질의 최소단위가 있다고 생각하여 이것에 아톰이라는 이름을 붙였다. 이 개념은 현대어로 번역하면 분자 또는 원자에 해당한다.

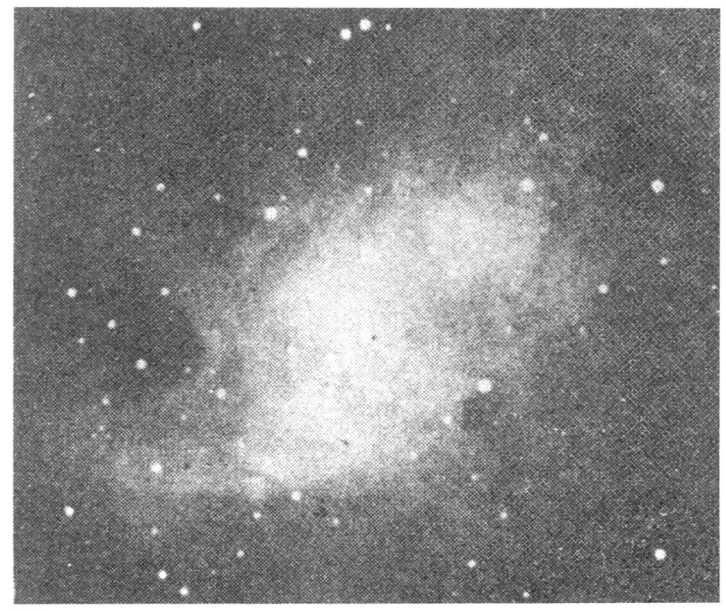

〈그림 1〉 물질의 큰 단위, 성운

 그런데 지구상에 존재하는 모든 물질을 그 화학적인 성질에 따라 분류해 보자. 그리고 화학적으로 순수한 물질로 분리해 보자. 그러면 수소, 산소, 물, 탄수화물, 규소, 철 등으로 나눌 수 있다. 이들 순수한 물질은 분할해가면 분자라는 최소단위에 도달한다. 이 분자는 본래의 물질의 성질을 보전하는 최소단위이다 (〈그림 2〉 참조).

아톰

 일반적으로 분자는 몇 개, 어떤 경우에는 몇 십 개나 되는 원자가 결합되어 있다. 분자를 성분의 원자로 쪼개면 본래의

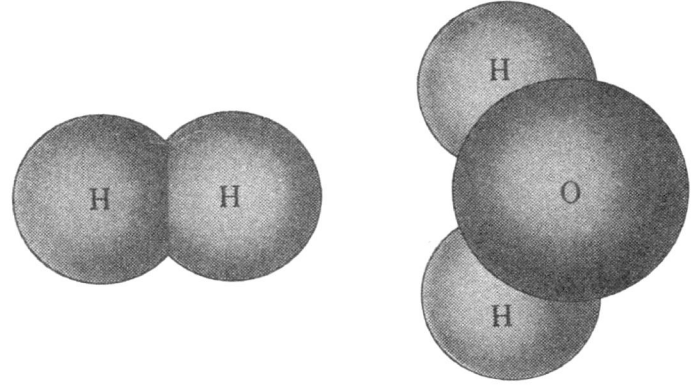

〈그림 2〉 물질의 작은 단위, 분자. 왼쪽은 수소분자로 수소원자(H)가 2개 붙었다. 오른쪽은 물 분자로 산소원자(O)와 수소원자 2개가 결합되었다

화학적 성질이 변화하는 일이 있다. 예를 들면 〈그림 2〉의 물 분자는 수소와 산소로 나눠진다.

그러나 이들 원자는 각각 수소 또는 산소라는 물질의 최소단위임이 확실하다. 원자에 대응하는 물질을 원소라고 한다. 원자 또는 원소의 종류는 화학적 결합 능력의 차이에 따라 분류되는데, 천연으로 지구상에 존재하는 것, 인공적으로 만들어진 것을 합하면 1,000종류 이상에 이른다. 따라서 원자의 조합으로 이루어진 분자의 종류는 실질적으로 무수히 많다고 할 수 있다.

이와 같은 원자의 화학적 성질의 차이는 현재는 원자의 구조를 고찰함으로써 이해할 수 있다. 즉 원자에 포함되어 있는 궤도전자(軌道電子)의 수에 따라 화학자 결합의 성질이 결정된다. 원자는 아톰이라고 불리는데, 그 본래의 뜻인 쪼갤 수 없는 것이라는 뜻은 원자의 구조를 알게 된 후부터는 상실되고 말았다.

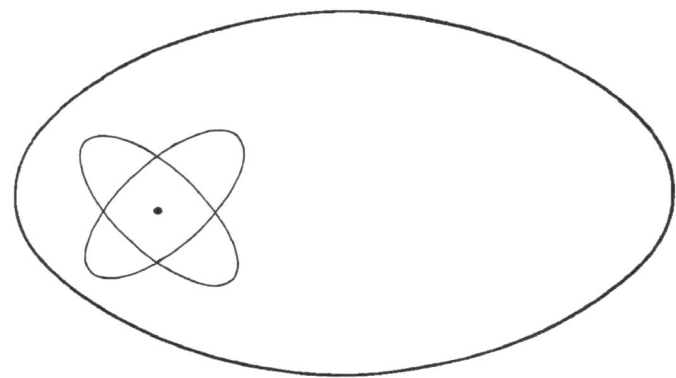

〈그림 3〉 원자모형의 일례인 리튬(Li). 중심에 +3e의 전하를 가진 리튬 원자핵이 있고 다시 그 주위를 궤도전자 3개가 돈다

 다만 순수한 물질(원소)의 화학적 성질을 보전한 채로 이 이상 더 쪼갤 수 없는 최소단위를 아톰이라고 한다면, 그것은 현재도 옳다. 그러나 원자의 구조를 생각하고, 원자를 분할한다면 분할된 조각은 쪼개기 이전의 물질과는 다르다.
 그런데 우리의 주제인 원자핵이란 원자의 구조에 관계되는 것이다. 원자의 중심에 무거운 입자가 있고, 그 주위를 매우 가벼운 입자가 태양의 행성처럼 돈다고 여겨지고 있다. 중심 입자는 원자핵이라고 불리고 원자 질량의 대부분을 차지하며, 단위전하 e의 Z배의 양전하를 가지고 있다. Z는 원자번호라고 불리는 양의 정수(整數)이다.
 한편, 가벼운 입자는 음의 단위전하를 가진 전자로서 특정한 궤도를 따라 원자핵 주위를 회전운동하기 때문에 궤도전자라고 불린다. 궤도전자의 수는 Z개가 된다(〈그림 3〉 참조).
 이 같은 원자핵에 대해 그 성질, 구조 또는 원자핵의 반응이 연구되고 있다. 연구 방법은 전자기적인 성질을 이용하여 원자핵의 형상과 자기능률(磁氣能率) 등을 관측하거나 또 원자핵을 실제로 분할해 보고 그 구성입자를 꺼내어 구성요소의 성질과 그 상호작용을 조사하고 있다.

입자선으로 자른다

그렇다면 이 같은 마이크로의 물질을 분할할 때 사용하는 칼은 대체 무엇을 쓸까? 그것은 감마선이나 양성자, 중성자 등의 입자선(粒子線)이다. 이들 입자를 원자핵에 충돌시키면 원자핵의 일부분이 파괴되거나 또는 전체가 분열하여 원자핵의 구성요소가 핵 밖으로 방출된다. 따라서 이 같은 반응에서 원자핵으로부터 튀어나오는 입자를 관측함으로써 구성입자를 추정할 수 있다.

가장 간단한 예는 중양성자의 경우이다. 중양성자란 중수소의 원자핵이며, 〈그림 4〉에 있는 아령 모양으로 생각된다. 이것을 광자(빛의 입자로서 에너지의 덩어리)라는 칼로 자르면 두 부분으로 쪼개진다. 이때 한쪽은 양성자이고 다른 쪽이 중성자라는 것이 밝혀졌다.

더 복잡한 원자핵인 경우라도 이같이 분할하면 양성자 또는 중성자가 나온다는 것이 잘 알려져 있다. 이같이 원자핵이 양성자와 중성자로 구성되어 있다는 이론은 1932년 하이젠베르크에 의하여 제안되었다. 이 두 종류의 입자는 핵의 주요 성분이며 핵자라는 이름으로 총칭되고 있다.

그런데 칼을 대서 분할했더니 알맹이가 튀어나왔다는 일은 거시적인 현상에서는 흔히 볼 수 있다. 분할되는 물체가 수박

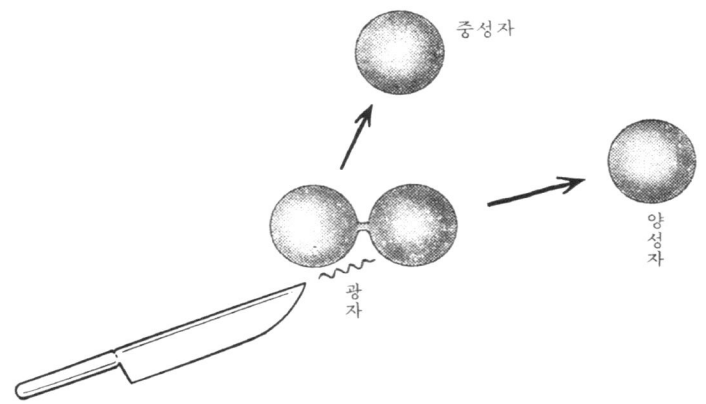

〈그림 4〉 중양성자(중수소 원자핵)의 광분해. 중양성자를 광자의 칼로 자르면 양성자와 중성자로 분열한다

이나 만두일 경우에는 분명히 맞다. 그러나 이런 생각은 우리가 지금 다루고 있는 미시적인 세계에서도 통용되는 것일까. 이 점에 대해서는 십분 주의해야 한다. 설사 거시적인 현상이라 하더라도 칼은 물체에 대면 열이 생기기 때문에 튀어나오는 물질은 본래 만두 속에 있던 물질에 비하면 열에 닿았기 때문에 약간 변질되어 있을지 모른다. 이 변질된 물질은 만두 속에는 없다가 우연히 칼을 댔기 때문에 우리 관측망에 걸렸다고도 생각할 수 있다.

　마이크로의 세계에서는 그런 예가 실로 많다. 열의 내부 물질의 양에 비하여 무시 못 할 만큼 많다면 당연히 본래 내부에 있던 것과는 다른 변질된 물질―미시적인 세계에서는 변질된 입자가 튀어나올 가능성이 늘지 모른다.

　입자선 칼을 대서 원자핵을 절단해 보면 변한 입자가 나오는 예는 원자핵에 감마선을 조사하면 소립자의 일종인 파이중간자가 나오든가, 파이중간자를 조사하면 람다입자가 나오는 일이 있다. 이들 입자에는 어떤 비율로 본래의 원자핵 안에 존재해 있다가 우연히 외력에 밀려 핵 밖으로 나온 것도 있을 것이다. 또 입자선 칼을 댔기 때문에 핵 내 입자가 변질돼 이런 입자가 되어버렸다고 여겨지는 것도 있다.

 이런 복잡한 문제에 대해서는 나중에 다시 말하기로 하고 우선 핵의 구성요소로서 핵자 즉, 양성자와 중성자를 다루기로 한다.

 우리 이야기의 주제는 핵자의 집합체로서의 원자핵인데 늘 그 많은 입자의 집합체, 즉 다체계로서의 특징이 문제를 복잡하게 만들고 있다. 또 한편에서는 다체계로서의 집단적인 규칙성이 우리 연구를 어느 면에서는 쉽게 해주고 있다.

물질의 궁극입자

 그런데 지금까지 등장한 전자, 양성자, 중성자는 물질을 구성하는 궁극입자로서 1932년 전후에 모든 과학자에게 받아들여졌고, 또 소립자라는 개념도 이 세 종류에 한정되었다. 그러나 그 후 가속기의 발달로 속속 새 입자가 발견되었다. 파이중간자나 람다입자 등 현재는 2,000종을 넘는 소립자가 물질의 구성요소로서 받아들여진다.

 또 광자와 전자 등은 따로 두고 핵자나 파이중간자를 비롯한 소립자의 대부분은 다시 몇 개의 기본적인 입자로 조립된 것이 아닐까 하는 생각이 최근에 생겼다(〈그림 5〉 참조). 이들 기본적 입자는 쿼크라고 불리는 것이다.

 핵자는 쿼크 3개, 파이중간자는 쿼크 2개로 성립된다고 하면 수많은 소립자의 분류를 이해하는 데 편리하다. 최근의 십수

1장 원자핵이란 무엇인가?   21

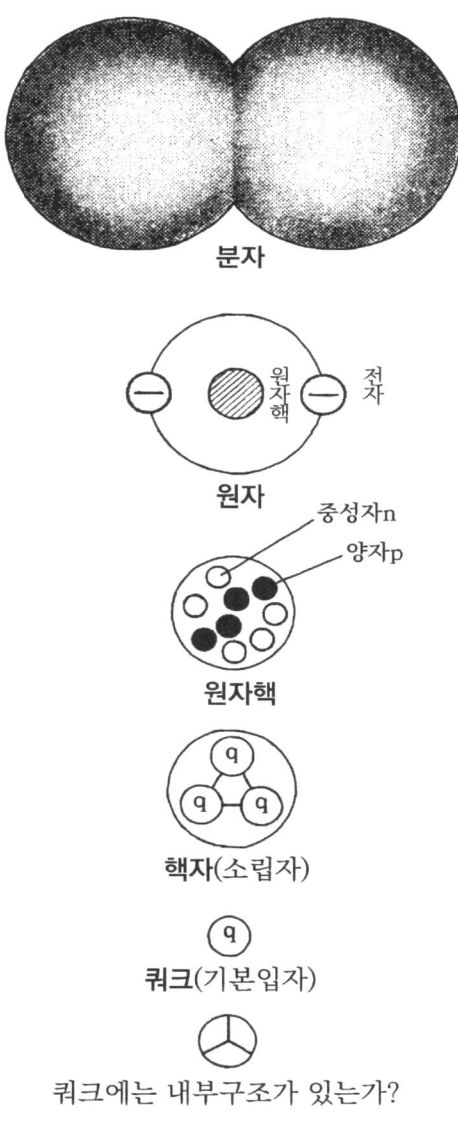

〈그림 5〉 물질의 계층

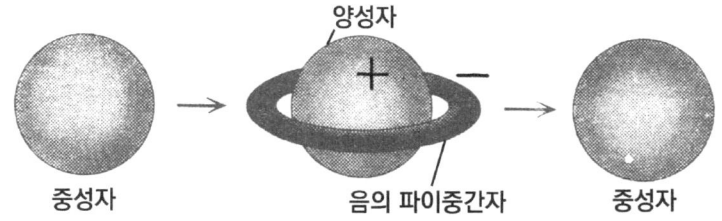

〈그림 6〉 중성자는 중성자만 보일 때도 있고 양성자 주위에 음의 파이 중간자가 구름 모양으로 싸인 것처럼 보일 때도 있다

년 동안에 있었던 수많은 실험이나 이론상의 시도에 따르면 쿼크가 단독으로 존재하는 것을 발견해 낸다는 일은 거의 불가능에 가깝지만 생각을 펴나가는 데는 극히 유효한 실체라고 인정되고 있다.

물질의 계층

그런데 물질의 계층을 극히 미세한 것으로 추구해 가면 우리가 당도할 곳은 어떻게 되어 있을까? 이 점에 관해서는 소립자론에서의 연구조류의 커다란 두 입장을 들 수 있다.

곧 알 수 있는 대표적인 견해는, 물질의 거의 궁극단위로서의 소립자는 이미 '소'가 아니고, 그 밑에 다시 기본입자가 있으며, 나중에는 〈그림 5〉에 보인 것처럼 이 기본입자 밑에 근원입자가 발견될 것이고 계층은 무한히 확대되고 있다는 생각이다.

또 다른 대표적인 생각은 물질의 계층은 소립자 단계에서 끝난다고 하는 입장이다. 그러나 소립자가 구조를 가지고 있지 않은 것은 아니다. 이를테면 중성자는 어떤 시간적인 비율로 양성

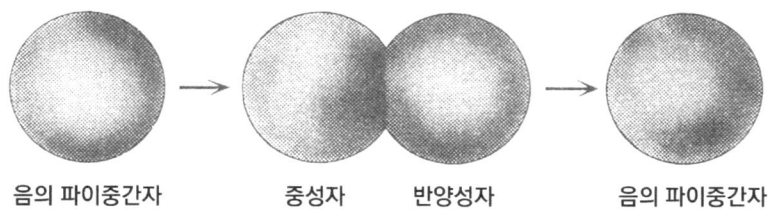

〈그림 7〉 음의 파이중간자는 어떤 때는 중성자와 반양성자로 된 분자상으로 보일 때도 있다

자와 음의 파이중간자로 분열된다고 생각되고 있다(〈그림 6〉 참조). 한편 음의 파이중간자는 어떤 시간적인 비율로 중성자와 반양성자로 분열한다고 생각하는 편이 이해하기 쉬운 경우도 있다(〈그림 7〉 참조).

 이런 생각을 밀고 나가면, 각 소립자는 자신을 포함한 모든 소립자로 성립한다는 것이 된다. 이것을 소립자 세계의 민주주의라고 한다. 이것을 그림으로 나타내면, 〈그림 8〉처럼 수박을 담은 그물 모양의 주머니처럼 된다. 이 그물주머니의 각 매듭을 개개의 소립자, 매듭과 매듭을 잇는 실은 그 소립자를 구성하는 요소로서 소립자의 상호작용을 가리킨다. 이것을 구두끈 이론이라고 부른다.

 이상의 이론에서 분명하듯이 물질의 계층 안에서의 원자핵은 지극히 미소한 물질단위라는 것을 알 수 있다. 또 핵자로 조립된 다체계로서의 복잡성을 내포하고 있다. 더욱이 원자핵이 핵자만으로 조립되었는가 어떤가 하는 의문도 염두에 두어야 한다.

 이 책에서는 이렇듯 다양한 성질을 가진 원자핵의 특징적인 현상을 들어 소개하는 것이 목적이다.

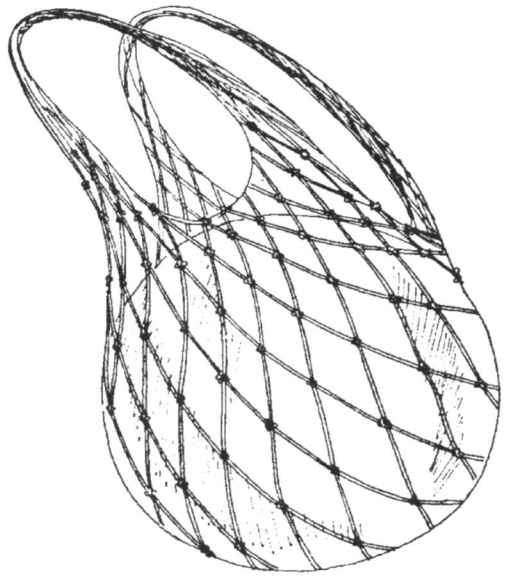

〈그림 8〉 소립자 세계의 민주주의. 각 소립자(그물코)는 다른 소립자의 도움으로 성립된다

2장
원자핵의 발견

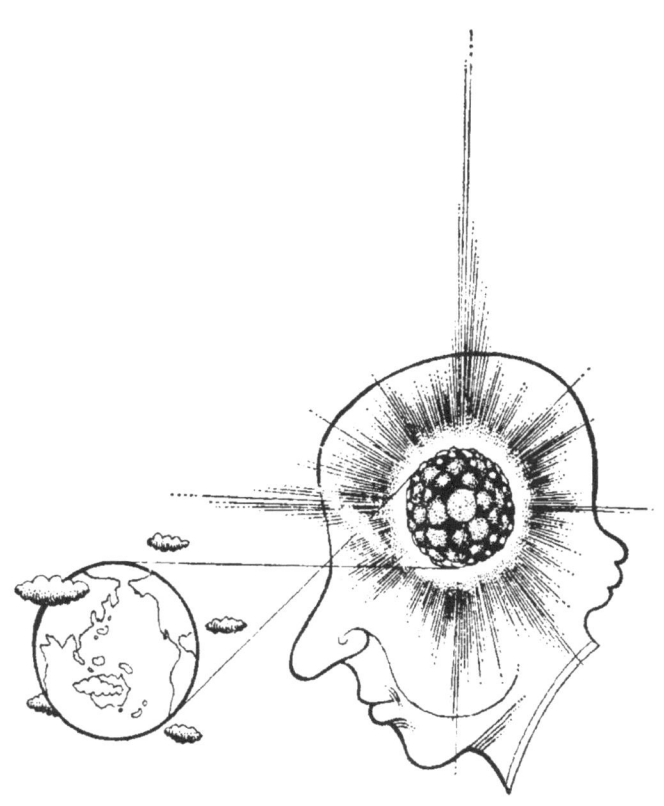

〈그림 9〉 어니스트 러더퍼드

러더퍼드의 실험

제1장에서 말했듯이 원자핵 주위를 전자가 돌고 있는 원자모형은 이미 금세기 초에 일본의 나가오카 한타로(長岡 半太郎, 1865~1950) 박사에 의해 제창되었다. 그러나 실험상의 사실에 바탕을 둔 원자핵모형은 1911년의 러더퍼드 박사(〈그림 9〉 참조)가 발견하기까지 기다려야 했다.

원자는 전기적으로는 중성이다. 원자의 바깥쪽을 구성하고 있는 부분은 전자이다. 전자는 원자핵의 종류에 의해 특유한 전자궤도를 따라 돌고 있으므로, 궤도전자라고 불린다. 원자핵 주위의 몇 개 궤도에 합계 Z개의 전자가 존재한다. 이 수 Z를 가리켜 원자번호라고 한다.

Z가 1일 때는 수소, 2면 헬륨, 3이면 리튬이라는 식으로 화학상의 원소를 무게가 가벼운 것부터 차례로 붙인 수와 일치한다. 정확하게는 무게의 차례가 틀린 것도 있겠지만 지금 그것

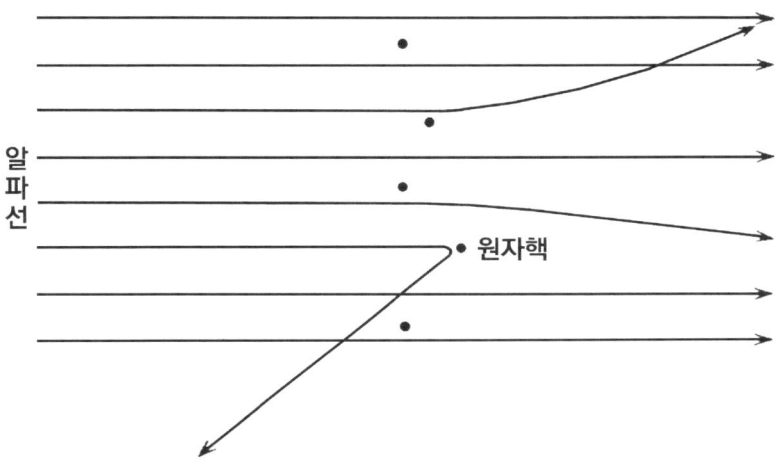

〈그림 10〉 알파선은 원자핵에 충돌하여 진로가 크게 휘는 일이 있다

을 고려할 필요는 없다.

전자는 음의 전하를 띠고 있으나, 1개당 늘 같은 전기량을 가지고 있고, 이것을 전기소량(電氣素量) e라고 한다. Z개에서는 −Ze의 음전하를 갖는다. 원자는 전기적으로 중성이므로, 원자핵에는 +Ze만큼의 양전하가 있어야 한다. 또 전자의 질량(무게)은 대단히 작아서 양성자에 비하면 약 2,000분의 1밖에 안 된다. 따라서 원자의 질량의 대부분은 이 양전하가 존재하는 원자핵에 뭉쳐 존재하는 것으로 생각된다.

1911년에 러더퍼드는 이 양전하가 원자핵 내에서 어떻게 분포하는가를 조사했다. 그는 라듐원자로부터 방사되는 알파입자선을 금박에 조사하여 알파입자가 산란되는 모양을 관측했다. 그 결과 대부분의 입자는 곧장 통과하는데 극히 드물게 그 진로가 크게 구부러지는 것이 있다는 것을 알게 되었다(〈그림 10〉

참조).

알파입자는 전자의 약 7,000배나 되는 질량을 가지고 있다. 그러므로 전자가 알파입자를 산란시킨다고 생각할 수 없다. 따라서 산란시키는 것은 원자의 질량 대부분을 차지하는 원자핵의 양전하에 의한 것으로 생각된다. 대부분의 알파입자는 이 원자핵에 충돌하지 않고 곧장 진행한다.

러더퍼드는 이 실험 결과를 분석하여 양전하가 존재하는 부분, 즉 원자핵의 지름이 1조 분의 1㎝ 정도라는 결론에 도달했다. 또 원자핵의 양전하는 꼭 +Ze와 같다는 것도 알아냈다.

전자궤도의 반지름은 약 1억 분의 1㎝ 정도이다. 따라서 궤도전자는 원자핵의 반지름의 약 20,000배 정도 떨어진 곳에 있다고 생각할 수 있다. 물론 마이크로의 세계의 법칙인 양자역학에서 이렇게 표현하는 것은 정확하지 못하다.

전자는 원자핵 가까이에 존재할 수도 있고, 또는 멀리 떨어져 존재할 수도 있으나 평균적으로 원자핵 반지름의 약 20,000배 떨어진 곳에 있다고 표현해야 한다.

예전의 원자핵 모형

이리하여 러더퍼드의 실험으로 원자핵이 있다는 것이 분명해졌다. 그러나 원자핵이 무엇으로 이루어져 있는가 하는 물음에 대한 답은 아직 얻어내지 못했다. 20세기 초부터 1930년까지에 알아낸 것은 화학적인 원소의 원자량이 거의 양성자의 정수배와 같다는 사실이었다. 이를테면 양성자를 1.008로 할 때, 탄소의 원자량은 12.01, 산소는 16.00이 된다.

그 시대에 알려졌던 소립자는 전자와 양성자밖에 없었다. 하

기는 내가 유가와(湯川秀樹) 박사에게 들은 이야기로는 당시에는 아직 소립자라는 개념조차 그다지 분명하지 않았다고 한다.

여기서 원자량에 가장 가까운 정수를 A로 적기로 하자. 이것을 질량수라고 한다. 그 당시의 논의에서는 원자핵 속에는 A개의 양성자가 존재한다고 가정했다. 이를테면 탄소의 양성자는 12, 산소의 양성자는 16이라고 하면 원자핵의 무게를 대충 설명할 수 있다. 그런데 원자핵의 전하는 +Ze이어야 한다. 그러나 일반적으로 A와 Z는 같지 않고, 오히려 A는 Z의 2배보다 큰 것이 보통이다. 그래서 전하를 보충하기 위해 원자핵을 A개의 양성자와 A-Z개의 전자로 성립된다고 했었다. 이 원자모형은 분명히 원자핵의 전하와 질량을 설명할 수 있다.

이 모형에는 퍽 곤란한 결점도 있다. 마이크로 세계에서의 운동을 기술하는 양자역학에서는 불확정성원리(不確定性原理)가 있다. 즉 입자의 운동량 크기를 정확하게 결정해 버리면, 입자의 위치가 전적으로 일정하지 않게 된다는 성질이다. 그 때문에 운동량과 위치의 값은 극히 조금씩 부정확한 폭을 가지고 있어야 한다. 전자처럼 가벼운 입자는 비교적 불안정하게 움직이기 때문에 그 위치를 1000억 분의 4㎝ 이하의 정밀도로 정하는 것은 불가능하다. 따라서 반지름이 1조 분의 1㎝ 정도인 원자핵 안에 전자를 가두어 넣었다 쳐도 곧 핵 밖으로 확산해 버리는 것이다.

이 원자핵 모형은 원자핵이 가지고 있는 고유각운동량(固有角運動量, 핵의 자전 각운동량)에 대해서도 불완전한 기술밖에 할 수 없는 것을 알게 되었다. 그리하여 다음에 말하는 중성자의 발견과 더불어 이 모형은 빛을 잃었다.

중성자의 발견

원자핵 연구의 초기에 원자핵의 성질을 조사하기 위하여 채택된 방법은 천연의 방사선원을 사용하여 이 선원으로부터 방사되는 알파선을 원자핵에 조사했을 때 생기는 현상을 분석하는 일이었다.

알파선이 표적핵에 충돌했을 때 표적핵은 본래대로 머물고 알파선은 탄성적으로 산란되는 일도 있고(탄성산란), 또 표적핵이 들뜨거나(비탄성산란) 혹은 다른 원자핵으로 변화해버리는 일도 있다. 변화할 경우를 원자핵반응이라고 하는데, 탄성산란도 원자핵반응의 일종이라고 볼 수 있다.

현재는 원자핵반응을 일으키기 위하여 조사하는 입자로서 인공적으로 가속한 양성자, 중양성자, 알파선, 중이온, 파이중간자 등의 하전입자를 비롯하여 감마선, 중성자와 중성미자에 이르기까지 모든 입자선이 사용된다.

〈그림 11〉 이레느 졸리오-퀴리 및 프레드릭 졸리오 부부

그런데 중성자가 처음부터 원자핵 안에 있는 것을 알게 된 것은 아니다. 원자핵 안에 양성자와 같은 무게를 가진 중성입자가 있다는 것은 원자핵의 전하와 그 질량으로부터 추정되었다. 이것이 실제로 확인된 것은 1932년에 실시된 다음 실험에서이다.

당시 이레느 퀴리 및 졸리오 부부는 베릴륨을 표적으로 하여 알파선을 조사하는 실험을 하고 있었다(〈그림 11〉 참조). 이 표적 주위에 파라핀 등 수소를 많이 포함한 물질이 있으면 양성자가 방출된다는 것을 발견했다. 채드윅(〈그림 12〉 참조)은 이 결과를 분석하여 충돌때 중성입자(전기적으로 중성인 입자)가 방출되고, 이어 이 중성입자가 파라핀 내의 양성자에 충돌하여 양성자를 방출한다고 생각하면 이 현상을 잘 설명할 수 있다는 것을 보였다. 이 중성입자를 중성자라고 명명했다.

이 같은 반응 과정 중 중성자가 생산되는 과정은 다음과 같은 원자핵반응식으로 나타낼 수 있다.

〈그림 12〉 제임스 채드윅

$$^4_2He + ^9_4Be \rightarrow ^{12}_6C + ^1_0n$$

이 식에서 좌변의 제1항은 헬륨의 원자핵을 나타내는데, 이 것은 알파입자 자체이다. 알파입자는 표적 내의 베릴륨 Be의 원자핵에 충돌하여 둘은 한 번 합쳐진 후 중성자 n이 1개 튀어나오고, 뒤에 탄소 C의 원자핵이 남는다. 화학기호의 왼쪽 위에 붙은 숫자는 질량수 A를 나타낸다. 원자핵반응이 일어나 원자핵이 변하더라도 반응 전 질량수의 총계는 반응 후의 원자핵 질량수의 총계와 같다는 것이 알려져 있다.

$$4 + 9 = 12 + 1$$

이것을 질량수의 보존이라고 하며, 화학반응의 경우 질량불변의 법칙에 대응한다. 또 왼쪽 아래에 붙은 숫자는 각 원자핵

내에 있는 양성자의 수 Z를 나타낸다. 그리하여 핵반응 전후에서의 전하의 보존은

$$2 + 4 = 6 + 0$$

과 같이 충족된다.

그런데 이렇게 발생한 중성자가 파라핀 내에 있는 많은 양성자 중의 어느 하나에 충돌하면, 둘의 질량이 거의 같기 때문에 당구공의 충돌처럼 중성자는 정지하고 대신 양성자가 튀어나가는 현상이 일어나는 것이다.

하이젠베르크의 원자핵 모형

채드윅의 보고를 들은 하이젠베르크(〈그림 13〉 참조)는 곧 새로운 원자핵이론을 만들어냈다. 이 모형은 현재 우리가 사용하고 있는 원형을 띤 것으로, 이미 1932년 이래 사용되고 있다.

그에 따르면, 원자번호 Z인 원자의 경우 그 원자핵은 Z개의 양성자와 N개의 중성자로 성립된다. 하이젠베르크는 양성자도 모두 다 핵자라는 단일입자이며, 그 차이는 단순히 전기적인 상태가 다를 뿐이라고 가정했다. 핵자의 수 A를 질량수라고 한다. 당연한 일이지만

$$A = Z + N$$

이라는 관계가 성립된다.

단일핵자가 중성자로 보이거나 또는 양성자가 되는 것은 〈그림 14〉와 같이 이해할 수 있다. 핵자를 컵이라고 생각하자. 컵을 아래로 놓은 경우가 중성자에 해당한다. 컵을 바로 놓고 술

〈그림 13〉 베르너 하이젠베르크

(전하+e)을 부은 상태가 양성자에 대응한다.

오늘날 우리는 핵자의 하전 스핀의 하향상태(컵을 거꾸로)를 중성자, 하전 스핀의 상향상태(컵을 바로 놓은)를 양성자라고 표현한다. 하전 스핀이라는 양은 하전상태를 나타내는 변수로 사용된다. 핵자의 경우 이 변수는 상향, 하향이라는 두 값밖에 취할 수 없다.

원자핵의 구성요소가 분명해졌으므로 다음에는 원자핵의 여러 종류에 대하여 설명한다.

원자핵의 종류, 핵종

원자핵의 종류를 가리켜 핵종(核種)이라고 한다. 핵종은 그 안에 포함되는 양성자와 중성자의 수를 지정함으로써 결정된다.

화학적으로 분리된 원소는 확실히 화학적인 성질이 다르며, 그 성질의 차이를 이용하면 분석이 가능하다. 그런데 이들 원소 특징의 또 다른 면은 그들의 물리적 성질의 차이이다. 이를

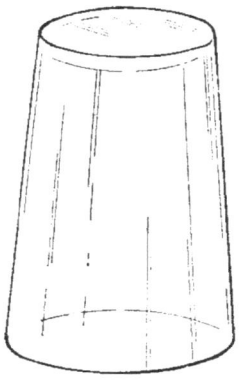 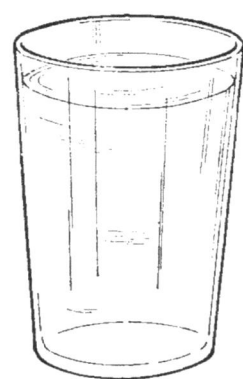

〈그림 14〉 컵이 비었으면 중성자, 술이 들었으면 양성자이다

테면 각 원소의 원자량은 원자번호 Z가 작은 쪽에서 큰 쪽으로 차례로 증가한다는 것이 알려져 있다. 더욱 정밀한 질량분석을 하는 동안에 더 자세한 구별이 발견되었던 것이다(〈그림 15〉 참조).

 실험 결과에 따르면 화학적으로 순수한 원소는 원자번호 Z가 같고, 질량이 다른 몇 종류의 원자를 포함한다는 것을 알았다. 이들 원자는 모두 궤도전자가 Z개 있고, 원자핵의 전하도 모두 $+Ze$이지만 원자핵의 질량이 다르다. 이 같은 원자를 동위원소(또는 동위체)라고 부른다. 동위원소는 화학적으로는 같은 원소인데 물리적인 성질(여기서 말한 질량이나, 나중에 말할 고유각운동량 또는 방사능 등)이 다르다.

 그런데 원자의 질량은 아주 작기 때문에 이것을 측정할 때는 kg 등의 실용단위는 부적당하므로 적당한 크기의 질량단위를 쓴다. 그러려면 세계 중에 보편적으로 존재하고, 따라서 손에 넣기 쉬우며 또 측정하기 쉬운 것이 편리하다. 그래서 화학자

〈그림 15〉 세계 최고의 정밀도(분해능)를 자랑하는 오사카 대학 마츠다 연구실의 질량분석기

들과 마찬가지로 산소를 택했다가 플루오르로 바꾸는 등 여러 가지 변천이 있었으나 현재는 탄소 12의 질량을 기준으로 한다. 이 탄소 12란 질량수가 12인 탄소를 말한다. 궤도전자가 하나도 빠져 있지 않은 탄소 12의 중성원자의 질량을 1,200,000으로 하고, 이것에 대한 질량비로 각 동위원소의 질량을 나타낸 것이다. 그에 따르면 〈표 1〉과 같이 된다.

이 표를 보면 천연으로 존재하는 수소에는 질량수 1의 ^1_1H와 질량수 2의 중수소 ^2_1H의 두 종류가 있고, 각각의 원자핵을 양성자(proton), 중양성자(deuteron)라고 부른다. 천연 수소에는 가벼운 수소 ^1_1H가 99.985%, 중수소 ^2_1H가 0.015%가 포함되어 있다. 이 백분율을 가리켜 동위원소의 존재비율이라 한다.

<표 1> 원자의 질량

원자번호	핵종	질량	존재비율(%)
1	$^{1}_{1}H$	1.007825	99.985
	$^{2}_{1}H$	2.01410	0.015
2	$^{3}_{2}He$	3.01603	0.013
	$^{4}_{2}He$	4.00260	99.987
3	$^{6}_{3}Li$	6.01513	7.5
	$^{7}_{3}Li$	7.01601	92.5
6	$^{12}_{6}C$	12.00000	98.89
	$^{13}_{6}C$	13.00335	1.11

이 비율은 지구상의 어디서나 거의 일정하다(다른 천체에서도 같은지 아닌지는 확실하지 않다. 다른 경우도 발견되고 있다). 천연으로 존재하는 원소의 거의 모두가 두 종류 또는 그 이상의 동위원소를 포함하고 있다. 천연탄소도 예외는 아니어서 $^{12}_{6}C$로 구성되어 있으므로 질량의 기준으로 하는 탄소 12는 $^{12}_{6}C$를 분리하고 사용해야 한다.

동위원소의 개념을 사용하면 화학원소의 원자량 중 정수에서 두드러지게 벗어난 예, 염소(Z는 17, 원자량 35.5)의 경우를 쉽게 설명할 수 있다. 염소의 동위원소의 존재비율은 ^{35}Cl이 75.4%, ^{37}Cl이 24.6%이므로 하중평균을 취하면 35.5가 된다(더 정확하게는 화학의 질량단위가 천연산소를 16.00000으로 정하고 있으므로, 약간의 보정이 필요하다. 그러나 그 보정은 근소한 것이다).

이 같은 동위원소의 존재비율은, 실은 지구가 탄생했을 때의 상황에 의존하며 지구 역사의 일종의 고문서적(古文書的) 역할을 하는 것으로서 흥미진진한 데이터이지만 이 책의 목적에서 벗어나기 때문에 다음으로 나가기로 한다.

그런데 이와 같이 핵종을 구별하는 데 있어 화학기호의 왼쪽 어깨에 질량수 A를, 왼쪽 밑에 원자번호(핵 내의 양성자 수) Z를 붙인다. 필요하면 오른쪽 밑에 중성자수 N를 덧붙인다. 이를테면 $^{12}_{6}C_{6}$과 같이 되는데, A는 Z와 N의 합이고, 화학기호 자체는 Z를 나타내므로 ^{12}C로도 충분하다.

원자핵은 변이한다

순수한 물질을 계속 분할할 경우 최소단위인 분자나 원자는 만고불변이며 영구히 존재할 수 있다는 사상은 고전적인 아톰의 개념으로 오랫동안 받아들여졌다.

그러나 전세기 말이 되자, 베크렐의 방사능 발견(1896), 퀴리 부부(〈그림 16〉 참조)의 라듐원소 분리(1898) 등을 비롯한 발견이 이루어졌다. 이리하여 원자핵의 세계에서는 이미 앞에서 말한 고전적인 생각은 올바른 것이 아니었다. 원자핵은 방사선을 방출함으로써 다른 원자핵으로 변환하는 것이다. 또한 인공적으로 가속된 입자를 충돌시킨 후 원자핵 반응을 일으켜 다른 원자핵을 산출하는 일도 가능하다.

그러나 인공적인 방법을 가하지 않는다면 영구히 변화하지 않는 물질, 또는 원자핵이 존재하는 것도 틀림없다. 원자 질량의 기준으로 채용된 탄소 12는 그 대표적인 예이다. 이 핵종은 변하는 일이 없고 또 보편적으로 존재하기 때문에 질량의 기초가 되었다.

현재 지구상에 안정하게 존재하는 핵종은 대체로 300종류가 알려져 있다. 이 비교적 적은 종류의 핵종이 지구 대부분의 물

〈그림 16〉 마리아 퀴리(좌) 및 피에르 퀴리 부부

질을 차지한다는 것이다. 이 밖에 원자핵에는 한정된 수명으로 다른 원자핵으로 변환되는 방사성 핵종이 있다. 천연으로 존재하는 방사성 핵종은 극히 적지만, 인공적으로 만들어낼 수도 있어서 현재는 약 1,300종이 알려져 있다. 이들 원자핵은 지구 창성시대에는 많이 존재했었다고 생각되나, 방사능을 방출하고 붕괴하여 현존하는 안정핵으로 변환하고 말았다.

〈그림 17〉은 이들 핵종을 세로축에 원자번호 Z, 가로축에 중성자수 N을 잡고 배열한 것으로서 세그레 차트라고 불리는 것이다. 줄무늬의 중심선이 제일 안정되어 있고 가장자리 쪽으로 감에 따라 불안정한 원자핵이 되어 방사능을 가지고 있다. 또 A가 커도 불안정하다.

최근에는 이 〈그림 17〉의 줄무늬 주변부가 어떻게 결정되는지에 대한 연구가 활발해져서 여러 가지 설이 나오고 있다. 여

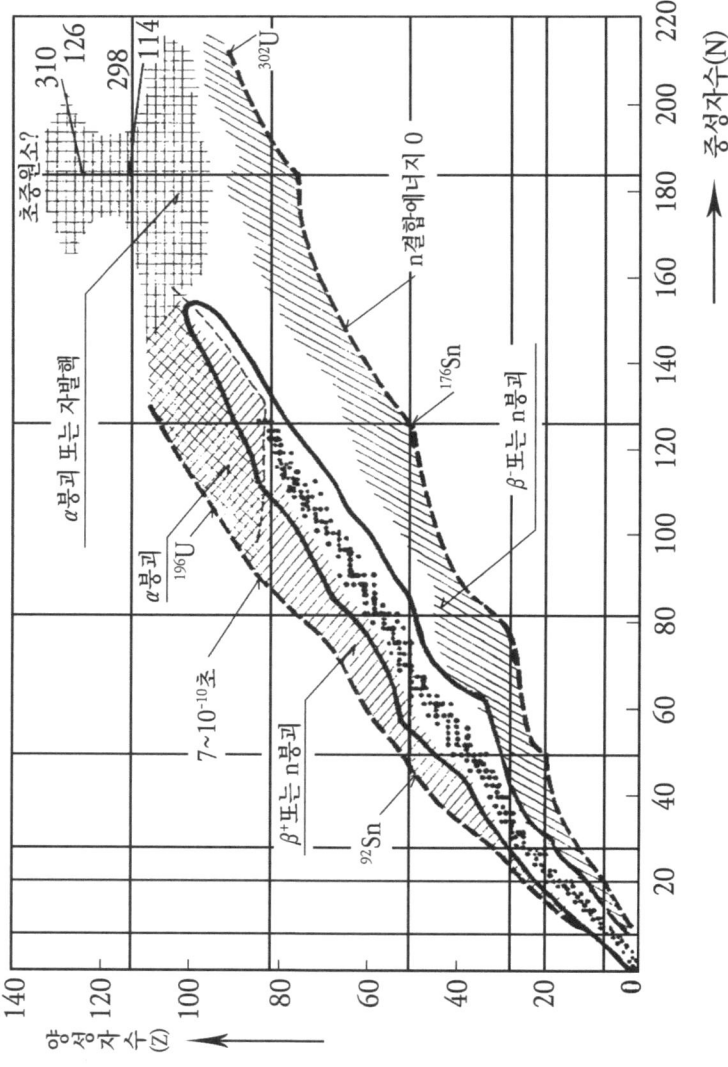

〈그림 17〉 세그레 차트

러 주장에 따르면 줄무늬의 중심부는 변함이 없으나 주변부는 여러 가지로 변화한다. 이 같은 연구로부터 추정하면 학자에 따라 다른 값이 나오고 있는데 불안정한 방사선까지 포함하면 핵종은 약 5,000에서 20,000쯤 있는 것으로 생각된다.

방사성원소

우라늄이나 토륨을 비롯한 천연방사성원소는 알파선, 베타선, 감마선을 방사하면서 오랫동안 여러 가지 원소로 변환하며, 마지막에는 안정된 납 원소로 변환된다는 것이 알려져 있다.

아마, 지구가 생긴 태고(약 40억 년 전이라고 한다)에는 각종 방사성원소가 지구상에 넘쳤을 거라 여겨진다. 그러나 이들 원소는 핵종에 따라 일정한 수명 후에 다른 원소로 변환해버렸을 것이다. 그리하여 현재는 거의 모든 원소가 방사능을 상실하였다. 그러나 수명이 긴 알파붕괴(알파선을 방출하여 핵변환을 하는 일)를 하는 원소, 이를테면 우라늄이나 토륨 등의 반감기는 지구의 나이와 같은 정도거나 그보다 길기 때문에 오늘날까지 붕괴되지 않고 천연방사성원소로 남아 있다. 지구의 나이보다 방사성원소의 반감기가 두드러지게 짧으면, 그와 같은 원소는 지금까지 모조리 붕괴되어 우리는 천연적으로 이들을 찾아낼 수 없다.

방사성원소의 수명, 더 정확하게는 방사성원자핵의 수명이란 다음과 같이 정해진다.

방사성원자핵의 수명

실험에 따르면 원자핵이 방출하는 방사선의 수는 그 시각에 있어서 존재하는 어미핵(parent nucleus, 즉 방사성 원자핵)의 수에 비례한다. 방사선을 방출하고 난 뒤의 생성핵을 딸핵(daughter nucleus)이라고 한다. 그런데 시간 t에서의 어미핵의 수 R은

$$R = R_0 \exp(-\lambda t)$$

라는 식으로 나타낼 수 있다. R_0는 최초 t=0에 존재하던 어미핵의 수이다. λ를 붕괴정수라고 한다. 어미핵의 수는 시각 t와 더불어 지수 함수적으로 감소하게 된다. R이 이런 형태를 취하면 단위시간당 방사되는 수도 지수 함수적으로 감소한다(〈그림 18〉 참조).

어미핵의 수가 반으로 줄어드는 시간을 반감기 t½이라고 한다. 실제로 t½을 정하는 데는 단위시간에 방출되는 방사선의 수를 그래프로 그려 그 값이 절반이 되기까지에 소요되는 시간을 측정하면 된다. 반감기의 값은 원자핵마다 정해져 있으나 최초의 어미핵의 수가 몇 개가 있든지 간에 마찬가지이다.

R_0개의 어미핵 중 어떤 것은 금방 붕괴하고, 다른 것은 한정된 시간 후에 붕괴하거나 또는 물질에 따라서 매우 오랜 시간이 지난 후에 붕괴하는 핵도 있다. 그래서 핵의 수명을 그때에 붕괴되는 핵의 수로 하중 평균한 시간을 이 어미핵의 평균수명 τ라고 한다. 평균수명은 붕괴정수의 역수이며, 반감기를 0.693으로 나눈 수치이다.

$$\tau = 1/\lambda = t½/0.693$$

반감기나 평균수명은 방사성원자핵에 따라 특유의 값을 가진다. 원자번호가 커지면 원자핵은 붕괴하기 쉬워지는 경향을 가

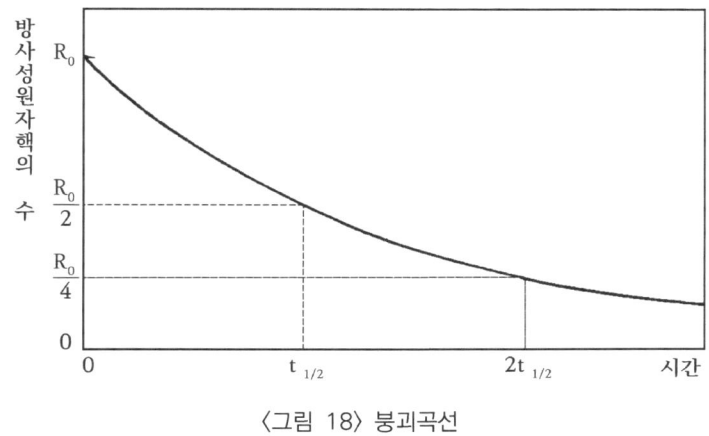

〈그림 18〉 붕괴곡선

진다. 따라서 모처럼 인공적으로 원자핵을 만들어도 극히 짧은 수명이 지난 후 보다 작은 다른 원자번호의 원자핵으로 변환해 버린다. 그러면 현재 얼마나 큰 원자번호를 가진 원소가 있는지 정리해 보자.

초우라늄원소

우라늄의 원자번호는 92인데, 이것보다 큰 원자번호를 가진 원소를 초우라늄원소라고 하며, 주로 미국의 버클레이시에 있는 캘리포니아 대학 로렌스연구소 연구진에 의하여 만들어졌다. 현재까지 이름이 분명하게 붙여지고 세계적으로 확인된 초우라늄원소는 다음의 11개이다.

이 밖에 104, 105, 106, 107번째의 원소가 발견되었다.

원자번호가 높은 원소의 핵은 수명이 점점 짧아지므로 인공적으로 만들 수 있다. 이를 위해서는 초우라늄원소의 핵을 표적으로 중이온을 조사하여 그 결과 생기는 핵반응의 생성물로

〈표 2〉 원자표

기호	원자번호	이름
Np	93	넵투늄
Pu	94	플루토늄
Am	95	아메리슘
Cm	96	퀴륨
Bk	97	버클륨
Cf	98	칼리포르늄
Es	99	아인시타이늄
Fm	100	페르뮴
Ma	101	멘델레븀
No	102	노벨륨
Lr	103	로렌슘

만들어내야 하므로 만드는 데에 대단한 노력이 든다. 그러나 미국의 연구진에 대항하여 소련의 도브나연구소 연구진도 경쟁을 벌이는 등 초우라늄원소의 생성은 현저하게 진보했다. 원자번호 104의 원소는 미국의 명명법에 따르면 러더포듐, 당시 소련(러시아)에서는 쿠르차토븀이라고 했는데 훗날 러더퍼드의 이름을 따 러더포듐으로 확정되었다. 미국, 소련 모두가 다음의 반응에 의하여 104번째의 원소를 얻었다(〈표 2〉 참조).

$$^{22}_{10}Ne + ^{242}_{94}Pu \rightarrow ^{260}104 + 4^{1}_{0}n$$

이 당시 원소의 이름에 대해 타협이 되지 않아 Z가 104 이상인 경우는 화학기호 대신 원자번호에 해당하는 숫자를 충당하고 있다. 여기서 Ne는 네온을 나타낸다.

105번째의 원소는 다음 두 종류의 동위원소가 발견되었다.

미국에서는 1970년에

$$^{15}_{7}N + ^{249}_{98}Cf \rightarrow {}^{260}105 + 4 ^{1}_{0}n$$

이 발견되었다(N은 질소). 같은 해에 소련에서는

$$^{22}_{10}Ne + ^{243}_{95}Am \rightarrow {}^{261}105 + 4 ^{1}_{0}n$$

이 발견되었다(N은 질소). 같은 해에 소련에서는

$$^{54}_{24}Cr + ^{207}_{82}Pb \rightarrow {}^{259}106 + 2 ^{1}_{0}n$$

$$^{54}_{24}Cr + ^{208}_{82}Pb \rightarrow {}^{259}106 + 3 ^{1}_{0}n$$

이라는 반응을 발표했고, 같은 해에 미국에서는

$$^{18}_{8}O + ^{249}_{98}Cf \rightarrow {}^{263}106 + 4 ^{1}_{0}n$$

이 발표되었다. $^{259}106$은 반감기 0.01초이고, 또 $^{263}106$은 반감기 0.9초로 각각 알파붕괴한다는 것을 알았다.

 원자번호가 이 이상 커지면 반감기가 점점 짧아지기 때문에 좀처럼 발견하기가 어렵다.

 그러나 이보다 훨씬 원자번호가 커질 경우 비교적 안정되고 수명이 긴 원자핵이 만들어지지 않을까 하는 의문에 답하기 위해 원자핵이론 물리학자는 여러 가지 계산을 하였다. 그리고 원자핵의 형태가 구형이 아니고 다소 찌그러진, 이를테면 회전타원체와 같이 되면 Z가 114라든가 126 부근에서 비교적 안정된 핵이 존재할 것이라는 답이 얻어졌다.

 그래서 산소나 질소, 크로뮴 등의 중이온을 초우라늄원소에 조사하는 것만 아니라 더 무거운 원소를 이온으로 해서 조명하

46

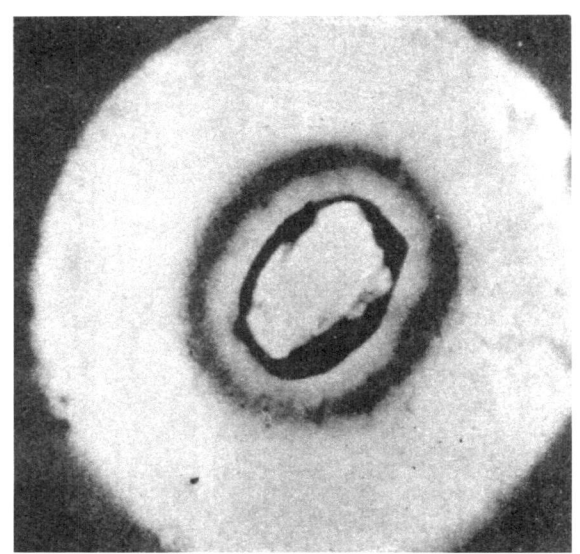

〈그림 19〉 마다가스카르섬산 운모 중의 자이언트 헤일로

는 일, 이를테면 우라늄원자핵과 우라늄원자핵을 충돌시키는 일 등은 초우라늄원소를 만들기 위한 하나의 방법이 아닐까 생각한다. 큰 하전을 가진 핵끼리 접근시키는 것이므로 상당히 큰 속도로 둘을 충돌시키지 않으면 반발해 버린다.

그러려면 우라늄원자의 궤도전자를 가급적 많이 떼어낼 필요가 있다. 그렇게 하면 가속시키기 쉽다. 이 같은 실험적인 시도는 독일 다름슈타트의 연구소에서 실행되고 있는데 앞으로 더 다양한 원자핵을 알게 될 것이다.

운모 속에 초중원소가 있는가?

미국의 물리학회 잡지에 발표된 초중원소(超重元素) 이야기를 소개하겠다. 마다가스카르섬에서 산출된 운모에는 보통 운모에서는 볼 수 없는 대형의 헤일로가 발견된다(〈그림 19〉 참조). 헤일로란 별모양의 줄이 보이는 일종의 상처로서 중심자리에 존재하던 방사성원소로부터 방출된 알파선이 주변 물질을 통과할 때 남긴 비적(飛跡)이라고 생각된다. 따라서 헤일로의 크기로부터 알파선의 에너지를 추정할 수 있고, 또 보통보다 거대한 헤일로가 있으면 그 중심에 있던 알파방사능을 가진 원자핵으로부터 방출된 알파선은 큰 에너지를 가졌다고 추정된다. 그러므로 거기에 남아 있는 딸핵은 통상 우리가 알고 있는 핵종과는 상당히 다른 원자핵일지 모른다.

플로리다 대학과 캘리포니아 대학 아빈 캠퍼스의 연구진은 가속기에서 나오는 양성자빔을 지름 1미크론의 크기로 축소하여 이 거대한 헤일로의 중심에 조사하여 2차적으로 발생한 X선의 에너지 스펙트럼을 측정했다. 이 X선은 양성자가 L궤도전자(원자핵에서 두 번째로 가까운 전자궤도에 있는 전자)를 튕겨냈기 때문에 생긴 LX선이다. X선 에너지는 Z가 커지면 함께 커지기 때문에 측정한 에너지 값으로부터 원자핵의 전하를 결정할 수 있다. 이 실험에 따르면 Z가 116, 124 등에 대응하는 X선이 나오는 것 같고, 또 126일 가능성도 있다(〈그림 20〉 참조).

이 보고는 세계 각국에 보도되었고, 미국 학자들은 이 새 원소 중 하나에 미국독립 200년 기념(1976)에 연유하여 바이센튜륨이라고 명명할 것을 제안했다고 보도되었다.

그런데 필자가 이 해 여름의 제5회 원자물리학 국제회의에 참석하여 초중원소의 발견으로 유명한 버클레이시의 로렌스 방사능연구소를 방문하여 원소의 발견자로서도 유명한 세그레 교수, 챔벌린 교수(〈그림 21〉, 둘 다 반양성자의 발견으로 노벨상 수

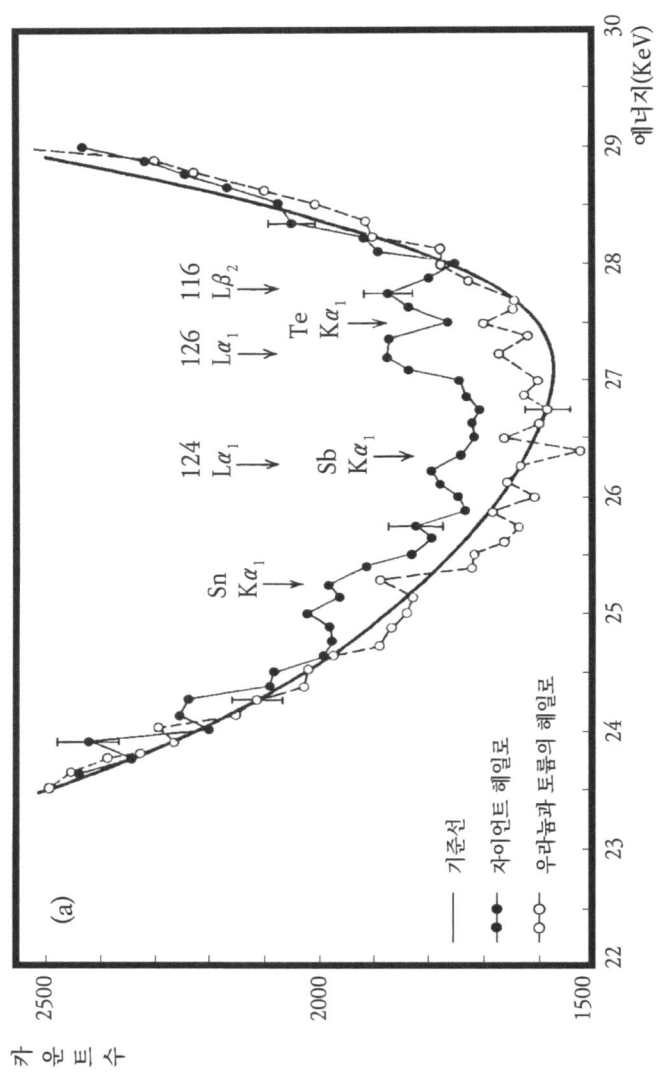

〈그림 20〉 자이언트 헤일로의 중심부에서 나오는 LX선 스펙트럼
Z=116, 124, 126에 상당하는 LX선이 나온다

2장 원자핵의 발견   49

〈그림 21〉 세그레(좌), 챔벌린(우)

상)와 토론했더니 실은 이것은 세륨 140이라는 58번째 원소에 양성자가 충돌하여 중성자를 방출해서 생긴 59번째의 원소 프라세오디뮴 140의 원자핵으로부터 방사된 감마선의 에너지가 Z 126인 원소의 LX선과 꼭 같다는 것을 알았다.

   그렇다면 플로리다에서의 실험이 정말로 초중원소의 존재를 가리키는 것인지, 이미 알고 있는 프라세오디뮴의 감마선을 본 것인지 좀 더 주의 깊게 조사해보지 않으면 확실한 결론을 내릴 수 없다.

   그러나 초중원소의 존재는 이론적으로나 실험적으로나 대단히 흥미 있는 주제이므로 이런 실험은 앞으로도 계속될 것이다.

   그러면 다음은 원자핵의 대표적인 성질에 대해 말하겠다.

3장
원자핵 구조

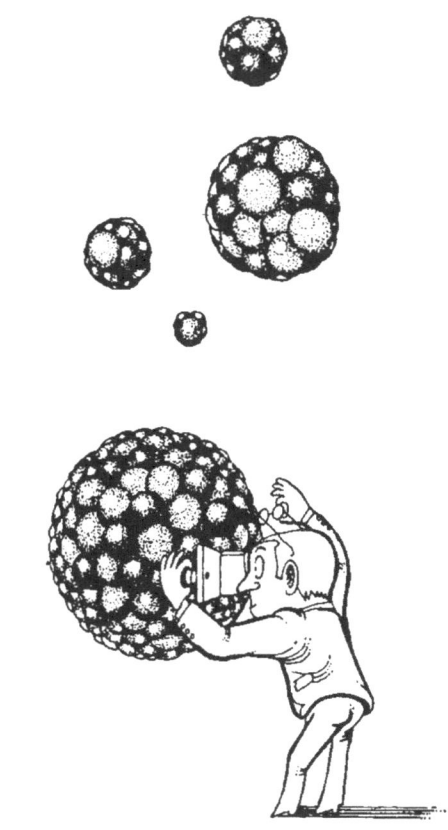

핵력

 반지름 약 1조 분의 1㎝인 원자핵은 거의 구상의 물체이다. 이 안에 A개의 핵자가 들어 있다. 그중 Z개가 양성자이고 N개가 중성자이다. 양성자끼리는 각각의 양전하와 양전하 간에 작용하는 전기적인 쿨롱힘에 의해 강하게 서로 반발하고 있을 것이다. 그럼에도 불구하고 원자핵 안에 양성자가 많이 있으므로 양성자끼리는 쿨롱힘보다 강한 다른 힘이 작용하여 원자핵을 구성하고 있는 것이 틀림없다. 이 힘을 핵력이라고 한다.

 핵력의 특징은 핵자끼리 충분히 접근하여 반지름 이하의 거리에 접근했을 경우에만 작용한다는 것이다. 그 이상 떨어졌을 때는 아무 작용도 하지 않는다. 이것에 반하여 쿨롱힘은 아무리 떨어져 있어도 전하 사이에 힘이 작용한다(쿨롱의 법칙에 따르면, 이 힘은 두 전하 간에 비례하고 두 전하 간의 거리의 제곱에 반비례한다).

 핵력은 양성자끼리, 중성자끼리 또는 양성자와 중성자 간에도 같은 힘이 작용한다(전기적인 힘이 아니므로 전하에는 관계없다).

 유가와 박사(〈그림 22〉 참조)는 이 핵력을 설명하려고 시도하여 중간자론을 발견하게 되었다. 이 유가와 이론에 따르면 양성자와 중성자 간의 핵력은 〈그림 23〉에 보인 것과 같은 과정으로 이해된다.

 첫째, 왼쪽에 양성자, 오른쪽에 중성자가 있다고 하자. 둘째로 양성자는 양전하인 파이중간자를 방출하고 자신은 중성자가 되어 버린다. 셋째, 이 플러스 파이중간자는 오른쪽 중성자에 결합한다. 넷째, 오른쪽 중성자는 플러스 파이중간자를 흡수하여 양성자가 되어 버린다.

〈그림 22〉 유가와 히데키

 마이크로의 세계에서는 제1의 상태이든, 제4의 상태에서든 모두 중성자 1개와 양성자 1개이므로 같은 상태처럼 보인다. 그러나 2개의 핵자는 중간자를 교환함으로써 서로 매력을 느껴 끌어당기게 된다.

 이 같은 핵자 간의 파이중간자 교환은 원자핵 속에서는 빈번하게 일어난다. 양성자와 중성자는 질량이 거의 같은데, 파이중간자의 질량은 양성자나 중성자의 7분의 1 정도이다. 그러므로 양성자가 플러스 파이중간자를 방출하여 자신은 중성자가 된다는 것은 얼핏 생각하면 에너지보존법칙과 맞지 않는 것 같기도 하다. 그러나 여기에는 어려운 이치가 적용되어 앞뒤가 맞도록 이론이 짜여 있다. 그래서 핵 내에서 핵자 간에 파이중간자가 교환되는 것을 가상적 과정(virtual process)이라고 한다.

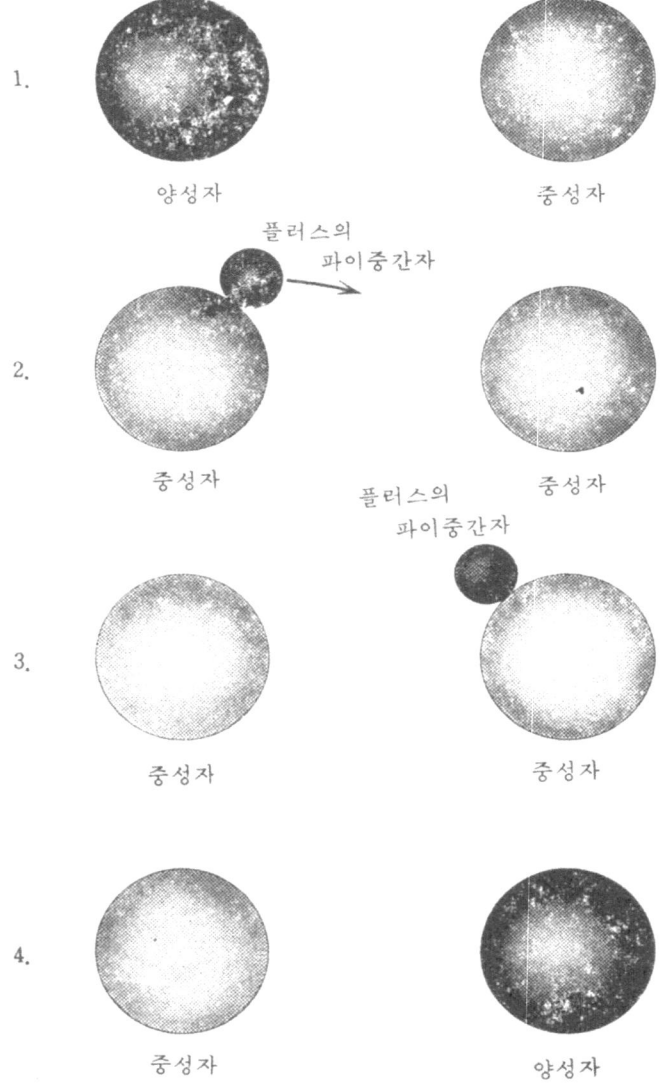

〈그림 23〉 핵력은 파이중간자를 교환함으로써 생긴다

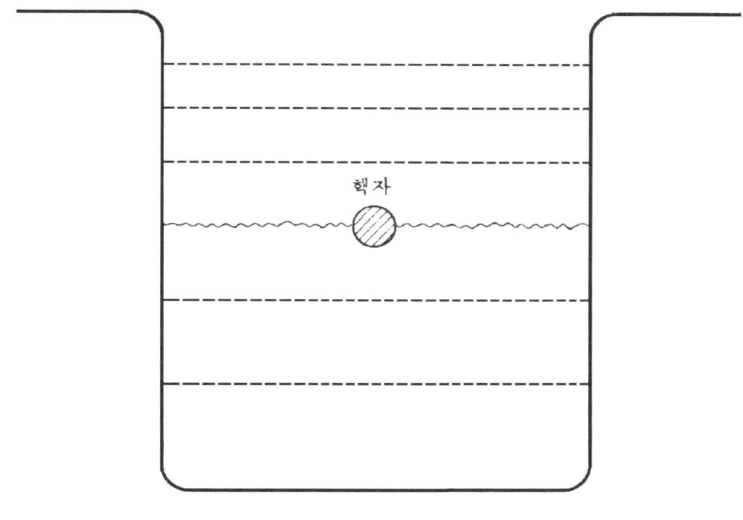

〈그림 24〉 핵자의 에너지 준위

파이중간자에는 양, 무, 음의 세 종류의 전하를 가진 입자가 존재한다. 그러므로 이 세 종류의 중간자 교환에 의하여 유도되는 핵력은 양성자 간에도 중성자 간에도 작용하며, 그 크기는 하전에 의하지 않고 양성자, 중성자 간의 힘과 대체로 같다는 것이 알려져 있다. 이것을 핵력의 하전불변성(荷電不變性)이라고 한다.

핵자의 에너지는 건너뛴 값

두 핵자 간의 힘은 매우 강하지만, 조금 떨어지면 이 힘은 없어져 버린다. 그리하여 핵자가 많이 존재하는 원자핵 내부에서 1개의 핵자는 바로 가까이에 있는 핵자에만 작용한다. 1개의 핵자에 대해 말하면, 원자핵 내에 있는 한 어디로 움직이든

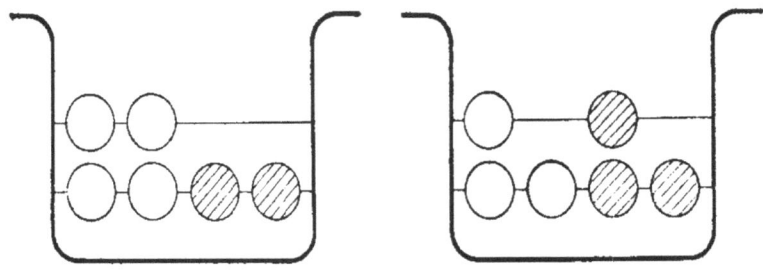

〈그림 25〉 ^{6}He와 ^{6}Li의 원자핵

지 대체로 일정한 세기의 인력을 받게 되는데 일단 원자핵 표면에 오면 핵자가 줄기 때문에 인력이 약해진다. 또 핵 밖으로 튀어나가면 그 힘을 느끼지 않게 된다.

따라서 원자핵 내에 있는 핵자에 원자핵은 우물과 같다. 그리고 그 우물 속에서 자기에게 알맞은 속도로 움직이고 있다는 모습을 그릴 수 있다. 이 우물형 퍼텐셜을 모형으로 〈그림 24〉에 나타냈다. 핵자에 있어서 원자핵은 사각형의 우물이 된다. 우물 바닥으로부터 일정한 높이에서 좌우로 헤엄치며 돌아다닌다. 이 높이는 꼭 운동에너지에 해당한다.

고전물리학에서는 운동에너지로 어떤 값을 취하든 허용되었다. 그러나 원자핵에서는 띄엄띄엄 된 값밖에 허용되지 않는다. 〈그림 24〉처럼 몇 개의 점선으로 그린 높이의 에너지밖에 허용되지 않는다. 이것을 핵자의 에너지 준위라고 한다. 띄엄띄엄 된 에너지 값밖에 얻지 못하는 것을 에너지 값이 양자화되었다고 한다. 그리고 이런 마이크로 세계의 역할을 양자역학이라고 한다.

양자역학의 세계에서도 입자는 가급적 낮은 에너지 상태에서

옮아가기 쉽기 때문에 원자핵의 우물 속에서 핵자는 제일 아래의 에너지 준위로부터 채워진다. 그러나 또 양자역학의 특징으로 특히 핵자에서는 일정한 에너지 준위에 존재할 수 있는 수에 제한이 있다. 예를 들면 최저에너지 준위에는 양성자, 중성자 각 2개씩으로 만원이 되고, 그 이상 핵자를 넣을 수는 없다. 그러므로 다음 에너지 준위에 세 번째의 양성자 또는 중성자를 넣어야 한다. 〈그림 25〉에 ^{6}He와 ^{6}Li의 원자핵을 모형으로 그려 보았다.

원자핵은 핵자의 아파트, 껍질모형

원자핵 내 입자의 에너지 준위의 모양을 좀 더 알기 쉽게 그려 보자(〈그림 26〉 참조). 원자핵을 우물 대신 아파트 건물이라고 생각하자. 이 아파트는 지상으로 솟지 않고, 땅 밑으로 파고 들어 갔다. 또 측면도 판판하지 않고 들쭉날쭉하다. 지표에 핵자(흰 동그라미는 중성자, 검은 동그라미는 양성자)가 있으면, 그것은 핵자가 아직 핵 밖에 있다는 것을 말한다.

원자핵을 구성하고 핵자는 아래쪽이 에너지가 적고 안정적이기 때문에 되도록 아래층 방부터 차례로 들어가게 된다. 아파트의 방 개수는 각각 층에 따라 다르다. 방 배당은 양성자, 중성자가 따로 되어 있고, 또 한 방에는 핵자 1개밖에 들어갈 수 없다(1개씩밖에 넣지 않는 것을 파울리의 배타원리라고 한다).

원자핵 실험에 따르면 양성자는 최하층에 두 방, 그 위층은 네 방, 그 위층에 두 방, 다시 그 위는 여섯 방 등으로 되어 있다. 중성자 쪽도 마찬가지이다.

예를 들면 ^{17}O인 경우는 중성자가 9개, 양성자가 8개이며

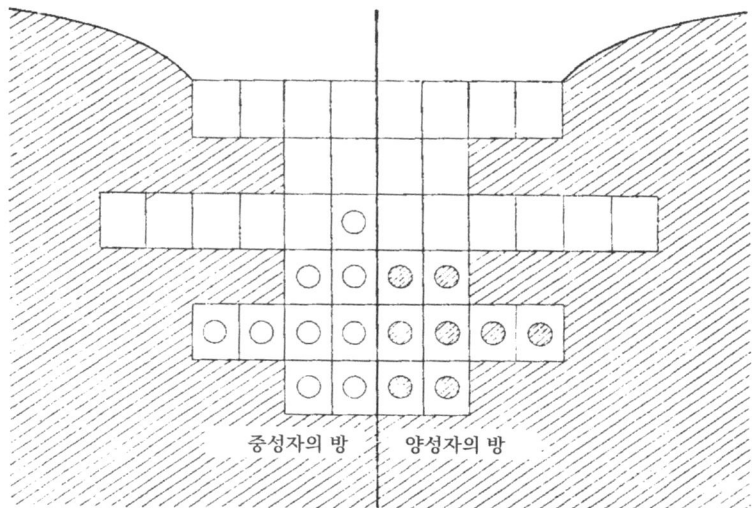

〈그림 26〉 원자핵은 핵자 아파트이다. 핵자는 아래층부터 방을 채워간다. 그림은 ^{17}O의 바닥상태를 나타낸다

아래층 방부터 차례로 채워진다. 이것을 ^{17}O의 바닥상태라고 한다(〈그림 26〉 참조).

같은 ^{17}O의 원자핵이라도 아파트의 방 배당 방법에 따라서는 〈그림 27〉같이 중간에 빈방을 남겨둔 채 위층을 핵자가 점거하는 일이 있다. 〈그림 26〉의 경우와 핵종은 같지만, ^{17}O의 원자핵 전체로서는 마지막 핵자 1개를 하나 위층으로 끌어올리는 데 요하는 에너지만큼 〈그림 26〉의 바닥상태보다 에너지가 많아져 있다. 그러므로 이 상태를 ^{17}O의 들뜬상태라고 부른다.

이들 에너지 값을 추상화하여 그린 그림을 원자핵의 에너지 준위도라고 한다(〈그림 28〉 참조). 〈그림 26〉의 경우를 에너지의 기준점으로 잡고, 한 줄의 횡선을 긋고 이것을 바닥상태로

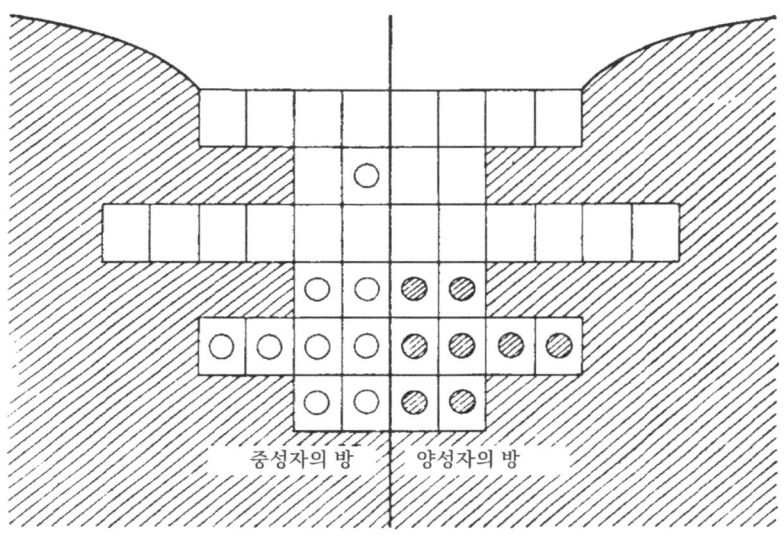

〈그림 27〉 ¹⁷O의 들뜬상태의 일례

한다. 〈그림 27〉의 들뜬상태는 여분의 에너지만큼 위쪽에 횡선을 긋는다. 핵자가 위쪽의 빈방을 차지하는 방법은 몇 가지 있으므로 그것에 따라 여러 가지 들뜬상태가 있다.

아파트 값의 차액이 광양자가 되어

그런데 이 핵자 아파트의 방값을 생각해 보자. 아래쪽은 땅밑 깊숙이 들어가 있어서 여러모로 불편하여 그만큼 방값도 싸고, 위층으로 올라갈수록 차례로 방값이 비싸다. 그래서 위층에 살고 있는 핵자는 아래층에 빈방이 생기면 그리로 옮겨 방값을 절약하고 싶어 하는 경향이 있다고 생각할 수 있다. 실제 핵자는 그런 성질을 가지고 있다.

핵자는 아래층으로 옮겨가면, 에너지가 적어도 되기 때문에

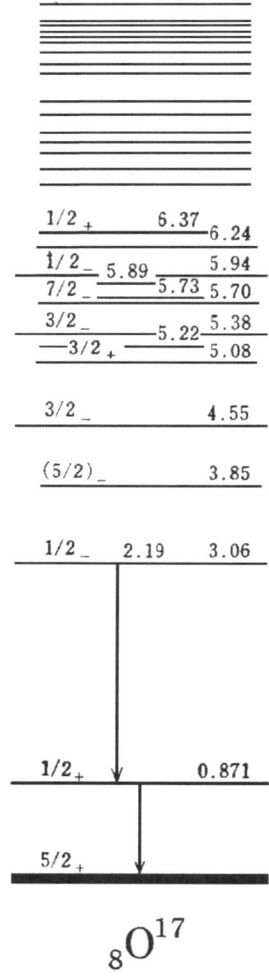

〈그림 28〉 ^{17}O의 에너지 준위도. 오른쪽 수치는 바닥상태에서 측정한 에너지(100만 eV단위). 왼쪽은 준위의 스핀과 반전성이다

〈그림 29〉 게페르트 마이어(좌), 옌젠(중앙), 위그너(우)

보다 안정된 상태가 된다. 위층에서는 에너지가 크고 보다 동요되는 상태라고 볼 수 있다. 이런 일로 해서 아래층의 빈방으로 옮겨가면 층에 따른 에너지의 차액이 남아돌게 되고, 여분의 에너지를 원자핵 바깥으로 방출해야 한다.

이 에너지는 에너지의 덩어리, 즉 광양자(광자라고도 한다)가 되어 튀어나간다. 이것을 〈그림 28〉에서 보면 원자핵의 들뜬상태가 감마선을 방출하여 바닥상태로 옮겨지는 것에 해당한다. 이 현상을 감마붕괴라고 부른다.

〈그림 26, 27, 28〉에서 분명하듯이 ^{17}O의 바닥상태 또는 들뜬상태 등, 원자핵 전체의 성질이 핵 내 핵자의 개성에 따라 비교적 뚜렷하게 나타난다. 에너지 값과 마찬가지로 나중에 설명할 스핀과 반전성(parity)도 핵 내 핵자의 개성에 따라 좌우된다. 그것은 핵자가 층 모양의 구조를 가진 핵자 아파트의 어디에 위치하느냐에 따라 결정될 수 있다. 핵자 아파트, 〈그림 24〉의 각 층을 껍질이라 하며 이 모델을 원자핵의 껍질모형이

라 한다.

이 모형의 제안자인 게페르트 마이어 부인, 옌젠 박사, 껍질 모형의 수학적 기초를 정립한 위그너 박사, 세 사람은 1963년도 노벨상을 수상했다(〈그림 29〉 참조).

원자핵의 성질에는 지금까지 말한 경우와 달리 원자핵이 집단적으로 운동하는 특징을 사용하여 고착하지 않으면 설명할 수 없는 경우가 있다. 이것에 대해서는 훨씬 뒤에 가서 소개하겠다.

이제 원자핵은 막대자석과 같은 성질을 가졌다는 것에 대해 알아보자.

원자핵은 막대자석

원자핵에는 여러 가지 핵종, 또는 같은 핵종이라도 다른 상태가 있다. 앞 절에서 말했듯이 원자핵은 바닥상태인 것이 보통이지만, 경우에 따라서는 그보다 에너지가 높은 들뜬상태가 되는 일도 있다. 이들 다양한 원자핵 상태를 지정하는 데는 전하, 질량, 바닥상태로부터 들뜬상태까지의 에너지 차(들뜬 에너지라고 한다) 등이 중요한 인자가 된다. 그 밖에도 몇 가지 물리량이 있다는 것을 알게 되었다. 그중에서도 중요한 양이 스핀과 반전성이다.

먼저 스핀에 대해 설명하기 위해 제일 간단한 수소의 원자핵, 양성자를 예로 들자. 양성자는 전하를 띨 뿐 아니라 동시에 막대자석과 같은 성질을 가지고 있으며, 자기장을 걸면 운동한다. 이 같은 성질은 단순히 양성자만이 아니라 여러 소립자의 공통된 성질이다. 〈그림 30〉에 보인 장치는 소립자 중에서도

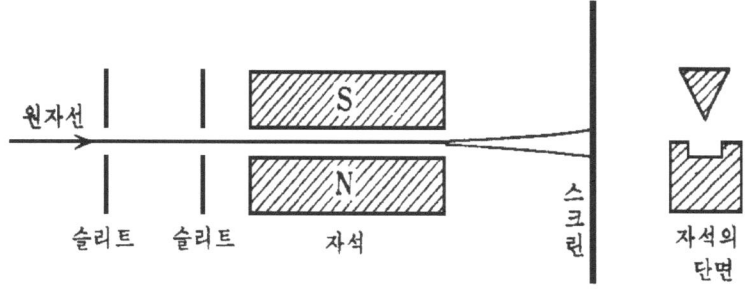

〈그림 30〉 슈테른과 게르라하의 실험장치

특히 전자에 대한 성질을 조사하는 장치로서 슈테른과 게르라하가 실험에서 사용한 것이다. 두 과학자는 은의 원자선을 사용하였다. 이 원자의 궤도전자가 막대자석의 성질을 가진다.

 이 장치는 은의 원자를 왼쪽으로부터 한 줄기 빔으로 자석 사이에 입사(入射: 하나의 매질 속을 지나가는 빛의 파동이 다른 매질의 경계면에 이르다)시킨다. 이 자석은 단면이 〈그림 30〉의 오른쪽에 그려진 것 같은 특수한 모양이므로 수직방향의 위치에 따라 자기장의 세기가 다르다. 따라서 입사한 은 원자의 궤도전자에 부속된 막대자석의 N극에 작용하는 힘과, S극에 작용하는 힘은 근소하게나마 다르며, 그 결과 이 막대자석은 입사방향과 수직방향으로 끌린다. 즉 입사된 은 원자 빔은 처음 방향보다 약간 처져 오른쪽에 세워진 스크린상에 부착한다.

 이 실험으로 알게 된 것은 스크린상에 두 줄의 선이 검출되었다는 것이다. 이것은 원자선에 막대자석이 위쪽으로 끌린 은 원자와 아래쪽으로 끌린 은 원자가 섞여 있다는 것을 말한다. 또 전자를 막대자석이라 생각할 때 막대자석 방향이 두 방향이라는 것을 가리킨다.

64

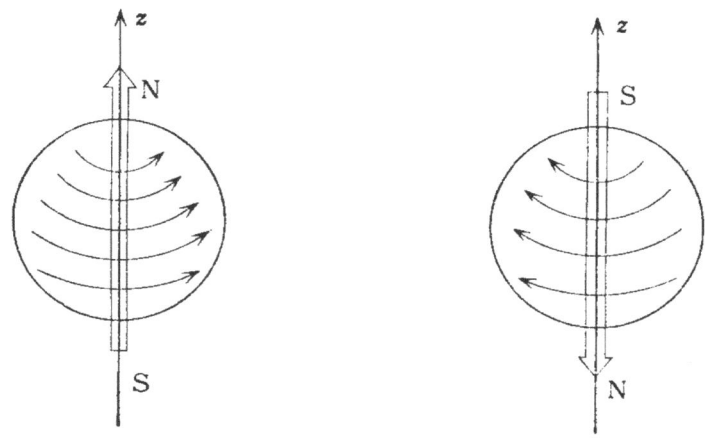

〈그림 31〉 양성자의 자전

실험에 의하면 최소 원자핵인 양성자도 전자와 마찬가지로 막대자석의 방향으로서 두 방향이 있다는 것을 알게 되었다. 더욱이 막대자석의 세기는 전자에 비교하여 2,000분의 1 정도 작다는 것도 알게 되었다.

그렇다면 어째서 양성자와 전자는 막대자석과 같은 성질을 가지는 것일까. 그것은 이들 입자가 자전하고 있기 때문이다. 입자의 중심을 통과하는 축 주위를 입자가 회전하면, 그에 따라 입자의 전하도 돈다. 양성자의 경우에는 양전하를 띠고 있어 〈그림 31〉처럼 z축 방향으로 바른 나사처럼 회전하면, z축을 향해 우회전하는 전류가 흐르는 것에 대응한다. 이 전류에 의해 발생하는 자기장은 z축상에서 위로 향한다. 화살 끝을 N극, 화살꼬리를 S극으로 표시하면 양성자는 이중화살로 표시한 막대자석 구실을 한다. 이와 반대방향으로 자전하면 양성자의 막대자석은 z축과 반대방향을 향한다.

〈그림 30〉의 스크린상에 나타난 두 선은 바로 이 같은 사실을 반영한 것이라고 생각할 수 있다.

스핀

그런데 이 자전을 가리켜 양성자의 고유각운동량, 또는 스핀이라고 줄여서 말한다. 양성자의 경우 〈그림 31〉의 좌우 상태를 각각 스핀이 상향인 상태, 스핀이 하향인 상태라고 한다. 바꿔 말하면, 고유각운동량 벡터 z축에 대해 두 방향만이 허용된다. 이것은 z축 방향과 그 반대방향뿐이라는 것을 뜻한다.

전자의 경우도 스핀은 1/2이며, 두 방향밖에 허용되지 않는다. 또 양성자와 전자는 전하의 부호가 반대이므로, 각각 막대자석의 부호도 반대가 된다는 것을 이해할 수 있다.

여기서 자전 속도에 대해서 생각해 보자. 이것은 1초간에 각도로 몇도 진행했는가를 나타내며 각속도라고 한다. 그러나 같은 각속도라도 작은 물체가 자전하는 것보다 큰 물체가 자전하는 쪽이 박력이 있다. 그래서 물체의 형상의 대소를 가미한 관성능률(慣性能率)이라는 양을 각속도에 곱하여 자전의 박력도(迫力度)를 나타낸다. 이것이 자전의 각운동량이라 부르는 물리량이다.

각운동량은 또 공간에 고정시킨 축 주위를 물체가 회전할 때에도 생각할 수 있고, 이것을 궤도각운동량이라고 한다. 각운동량은 방향성이 있으며 벡터량이다. 오른나사인 경우의 회전과 진행방향의 관계에 일치하도록 회전축에 화살표를 붙인 것을 각운동량 벡터라고 한다. 〈그림 31〉에서 막대자석의 N극이 화살표, S극이 꼬리로 되어 있는 벡터를 생각하면 될 것이다. 그

화살표의 길이는 각운동량의 크기로 잡는다.

 그런데 양자역학의 경우에 이 각운동량의 크기는 어떤 특정한 띄엄띄엄한 값밖에 취할 수 없게 된다. 여기서는 결과만을 소개한다.

 일반 소립자나 소립자의 복합체인 원자핵의 경우 자전을 나타내는 각운동량의 크기를 S로 한다. 각운동량이 크면 S도 커진다. 각운동량은 벡터량인데, z축으로부터 잰 각도로 각운동량 벡터의 방향을 지정한다. 이 각도로서 허용되는 값, 즉 공간적으로 허용되는 회전축의 방향은 (2S+1)가지가 있었다고 하자. 이를테면 양성자의 경우는 두 가지이므로

$$2S + 1 = 2$$

라 하면, S는 1/2이 된다. 이 수를 통상 양성자의 스핀이라 한다. 더 정확하게는 스핀 벡터의 크기라고 해야 한다. S가 커질수록 회전축이 잡을 수 있는 방향은 커져 (2S+1)가지가 되는 것이다. 고전역학에서는 임의의 방향의 회전축 주위에서 회전되지만 마이크로의 세계에서는 제한된 방향으로밖에 잡을 수 없다는 점이 특징이다. 이 방향을 구별하는 양을 M_s로 적고 자기양자수(磁氣量子輪)라고 한다. M_s로서 허용되는 값은

$$M_s = S, S-1, S-2, \cdots\cdots -S+1, -S$$

뿐이고 M_s의 값은 (2S+1)종류가 있다. 양성자의 경우는 스핀 S가 1/2이므로

$$M_s = +1/2, -1/2$$

의 두 종류뿐이며, 자전은 1/2의 세기이고, 회전축방향이 상향

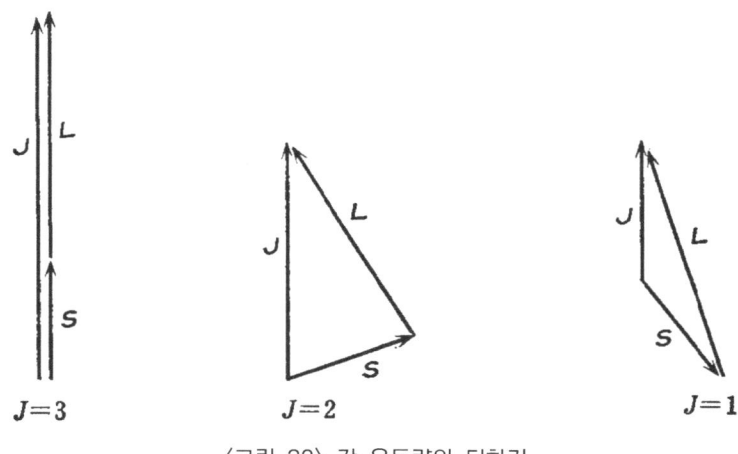

〈그림 32〉 각 운동량의 더하기

과 하향의 가능성이 있다고 생각한다. 플러스, 마이너스의 부호가 상향과 하향에 대응한다.

중양성자의 경우에 스핀 S는 1이므로 자기양자수 M_s는 1, 0, -1의 세 종류가 있고 회전축의 방향이 상향, 가로방향, 하향의 세 종류가 있다는 것에 대응한다.

S의 값은 0, 1/2, 1, 3/2, 2 등 0, 양의 정수, 또는 양의 반홀수뿐이다. 그 까닭은 (2S+1)종류라는 것이 양의 정수이기 때문이다. 소립자나 원자핵은 자기 고유의 S값을 가지고 있다. 또 동일한 핵종이라도 바닥상태와 들뜬상태에서는 각각 다른 값을 가질 수 있다.

여러 가지 소립자의 스핀 S를 소개하면 파이중간자, 케이중간자, 알파입자 등에서는 S가 0이고, 전자, 양성자, 중성자, 람다입자 등에서는 S가 1/2, 광양자나 벡터중간자에서는 S가 1, 오메가 마이너스 입자에서는 S가 3/2 등 입자에 따라 갖가지

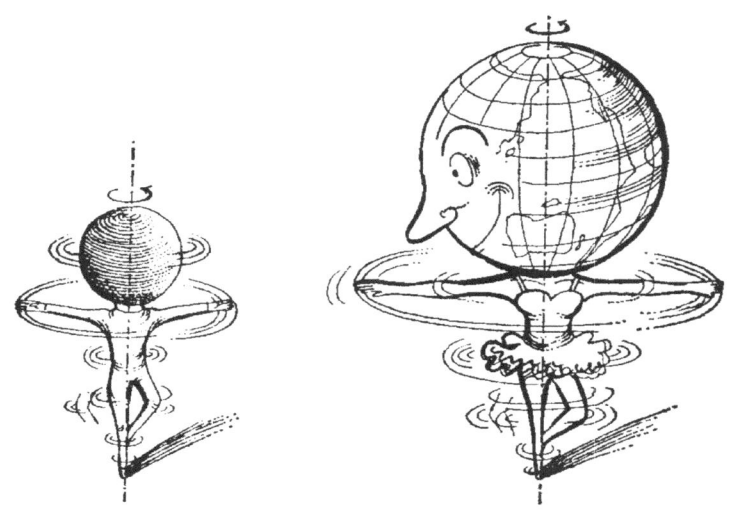

값의 스핀이 알려져 있다.

원자핵의 경우에는 성분으로 포함되는 핵자의 스핀 총합이 원자핵의 스핀이기 때문에 원자핵의 구조를 조사하는 데 이 스핀은 중요한 실마리가 된다. 다만 다소 소립자인 경우보다 복잡한 점은 핵 내에서 핵자가 상대적으로 운동하는 사실을 고려해야 한다는 것이다.

원자핵의 껍질모형에서는 핵자의 아파트를 생각해 보았다. 아파트의 각 층의 방 수가 다소 변동이 있지만, 실은 이 상대운동을 받아들임으로써 방 수가 결정된다.

원자핵 아파트의 번지, 양자수

이 점을 분명히 하기 위해 원자모형을 예로 들어 본다. 원자의 바깥쪽을 구성하는 궤도전자는 원자핵과 전자 사이 쿨롱 상호작용을 받으면서 몇몇 궤도를 따라 공전한다. 이 공전은 전자의 궤도각운동량이 커지면 반지름이 점점 커진다. 그리고 양자역학의 원리에 따라 궤도각운동량의 크기도 또한 궤도각운동량 양자수 L에 따라 결정된다. 다음부터 간단하게 이것을 궤도각운동량이라고 부르기로 한다. L의 값은 0, 1, 2, 3 등 0 또는 양의 정수밖에 취할 수 없다. 또 전자는 공전하는 것 외에 자전도 하고 있고, 그 각 운동량은 S라는 양자수로 나타낸다. S도 L도 각운동량이므로 궤도전자는 이들을 합한 전각운동량 양자수 J로 지정된다.

전각운동량 J는 정확하게는 전각운동량의 크기이다. 그래서 S라는 크기를 가진 벡터량 S와 L이라는 크기를 가진 벡터량 L과의 화를 J로 한다.

$$J = S + L$$

이렇게 하면 J의 크기는 삼각형의 세 변의 관계로부터

$$S + L \geq J \geq |S-L|$$

이 된다. 양자역학이므로 J의 값은 띄엄띄엄한 값을 취한다. 즉 S가 반홀수라면 J의 값은 반홀수만 선택된다. S가 정수라면 J의 값도 정수만을 고른다. 예로서 S가 1, L이 2라고 하면, J의 값은 1, 2, 3의 세 종류가 가능하다(〈그림 32〉 참조).

전자의 경우 스핀 S는 1/2이므로 J의 값은 두 종류밖에 없고, L+1/2이거나 L-1/2이다.

Ms의 경우와 마찬가지로 전각운동량 J의 회전축 방향을 지정하는 양, 자기양자수 M은

$$M = J,\ J+1,\ J-2,\ \cdots\cdots\ -J+1,\ -J$$

라는 값이 허용되며, (2J+1)가지의 값이 가능하다. 궤도전자의 경우에는 같은 J궤도에 들어갈 수 있는 전자의 수는 (2J+1)개이고, 이것은 마치 전각운동량 J가 취할 수 있는 회전축 방향의 수에 대응한다.

 궤도전자의 경우는 L이 같아도 에너지적으로 다른 상태가 가능하다. 이것을 작은 쪽으로부터 첫 번째, 두 번째로 부르는 일이 있다. 이 번호를 주양자수(主量子數) N이라고 한다. 따라서 전자궤도의 원자핵에 가까운 쪽으로부터 순서는 N, J, L이라는 세 개의 양자수에 의하여 결정할 수 있다. 주택 표시처럼 N가 J번지의 L호라는 표지를 가졌다고 생각하면 된다. N, J, L의 궤도에는 (2J+1)개의 주민(전자)이 산다.

 그런데 원자핵이라는 동네에 살고 있는 주민(핵자)은 어떤 문패를 가지고 있을까? 실은 원자핵 내의 핵자도 원자모형과 마찬가지 모델을 채용한다. 이번에는 원자 때와 같이 한가운데에 움직이지 않는 중심점이 없기 때문에 약간 생각하기 어려울지 모른다. 그래서 중심점을 원자핵의 중심 위치로 대용해야 한다. 그렇게 하면 핵자도 에너지가 낮은 순서로 N, J, L 세 개의 숫자로 지정된 궤도를 탄다는 것을 알게 된다.

 지금 우리가 제일 알고 싶은 일은 어떤 순서로 핵 내에 핵자가 채워지는가 하는 것이다. 그것은 N, J, L의 문패로 지정된 궤도에 에너지가 낮은 순서로 쌓아올려진다. 한 궤도를 하나의 층으로 도시한 것이 〈그림 26〉과 〈그림 27〉의 핵자 아파트이다. 그리고 같은 층에는 J의 자기양자수 M이 잡을 수 있는 값

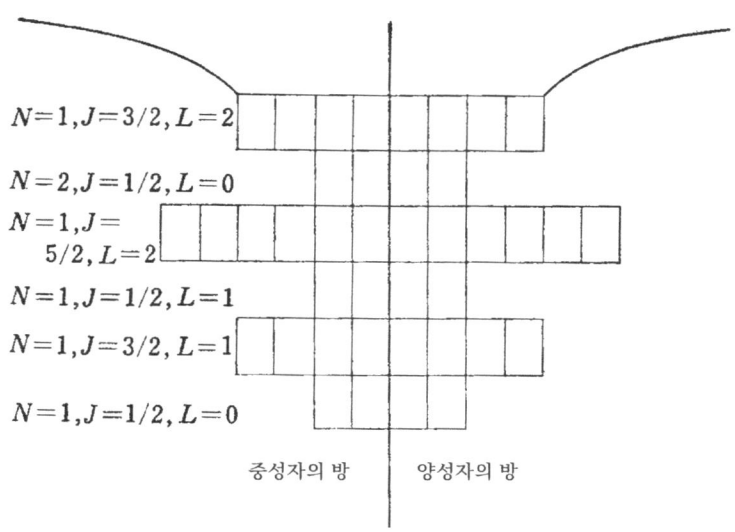

〈그림 33〉 원자핵은 핵자 아파트이다

의 종류와 같은 수의 중성자, 즉 (2J+1)개의 중성자가 입주할 수 있다. 양성자는 중성자와는 다르므로 이것도 (2J+1)개가 입주할 수 있다. 결국 같은 층(또는 같은 N, J, L)에는 중성자, 양성자를 합치면 2(2J+1)개가 입주하는 것이 가능하다. 그러나 중성자 또는 양성자가 다른 사람의 영역을 침범해서 들어가는 것이 허용되지 않는다. 또 방 수는 J의 값에 따라 다르므로 각 층의 방 수는 일정하지 않다.

 그래서 다시 핵자 아파트를 〈그림 33〉에 그려보자. 각 층, 즉 궤도를 에너지에 관련시켜 말할 때는 에너지 준위 또는 단순하게 준위라고 한다. 맨 아래층에 대해서는 N=1, J=1/2, L=0이다. 원자핵 교과서에는 |S|/2로 되어 있다. J=1/2이므로 2J+1=2가 되어 이 준위는 양성자, 중성자가 모두 2개씩이면

만원이 된다. 아래서부터 두 번째 준위는 N=1, J=3/2, L=1이므로, 2J+1=4개이고 양성자, 중성자가 4개씩 입주할 수 있다. 3층은 N=1, J=1, J=5/2, L=2로서 양성자, 중성자 모두 6개씩, 이하 여러 가지 N, J, L이 나타난다.

〈그림 33〉에는 간단히 6층까지만 그렸다. 이것을 더 정확하게 하면 각 층의 높이는 그림과 같지 않고 낮은 곳도 있고, 훨씬 높은 곳도 있다. 또 같은 N, J, L이라도 양성자, 중성자와는 준위가 약간 엇갈리는 일도 있다. 그러나 여기서는 이 이상 깊이 들어가지 않기로 한다.

여기서 꼭 한 가지 염두에 두어야 할 일은 이와 같이 전각운동량이라는 숫자(양성자 수)가 핵자의 상태를 구성하는 기본적인 양이라는 것이다.

그런데 원자핵은 이와 같은 각운동량을 가진 핵자가 많이 포함되었으므로 각 핵자의 각운동량을 더하면 아주 복잡한 각운동량 상태가 되어 있을 것이라고 생각할지 모른다. 그러나 사실은 그에 반하여 매우 간단한 값을 취한다는 것이 실험적으로 알려져 있다. 그것은 한마디로 말하면 질량수 A가 홀수인 원자핵에서는 마지막 핵자의 J값이 원자핵 전체로서의 J가 되어 있다는 것이다. 또 질량수 A가 짝수이고, 양성자도 중성자도 짝수인 경우 예외 없이 바닥상태에서는 J가 0이 된다.

그 이유를 생각해 보면 같은 층에 살고 있는 동일한 핵자의 막대자석의 세기는 M의 값에 비례한다는 것이다. 그리고 어떤 값을 취하는 핵자 M이 있으면 반드시 −M의 값을 갖는 핵자가 있고, 후자의 막대자석은 앞의 막대자석과 세기는 같지만 방향은 반대가 된다는 것이다.

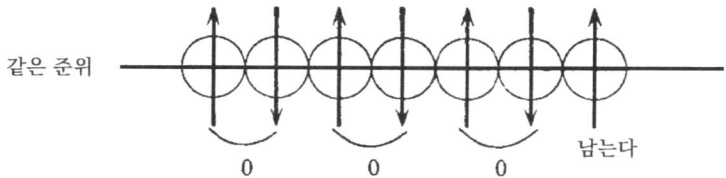

〈그림 34〉 같은 준위의 동일 핵자는 2개씩 쌍이 되어 스핀의 합이 0이 된다

 따라서 이들 두 개의 막대자석은 서로 나란히 있어서 막대자석의 실정을 상쇄한다는 특성을 가진다. 즉 합계한 각운동량이 0이 된다. A가 홀수일 때는 이와 같이 핵자가 쌍이 되었을 때 1개만 빠져나가 외톨이가 되어 이 1개 핵자의 성질이 원자핵 전체의 성질로 우리의 관측에 걸려들게 된다(〈그림 34〉 참조). 이 1개의 핵자가 가진 전 각운동량의 값을 원자핵의 스핀이라고 부른다. 따라서 이 양은 원자핵이 막대자석의 성질을 갖는 원인이 되기도 하고, 원자핵에는 실제 그와 같은 성질이 있다는 것도 알려져 있다.
 그런데 산소 17 원자핵의 바닥상태의 스핀은 대체 어떤 값을 취할까. 〈그림 26〉과 〈그림 33〉을 비교해 보면 이 경우 중성자가 1개 N=1, J=5/2, L=2의 준위에 존재하고, 그 밖의 것은 모두 쌍으로 되어 있다. 따라서 산소 17의 원자핵의 바닥상태의 스핀은 5/2가 될 것이다. 또 〈그림 27〉처럼 중성자 1개가 N=2, J=1/2, L=0으로 튀어나간 모형에 대응하는 들뜬상태에서는 스핀이 1/2이 될 것이다.
 ^{17}O의 실험값을 〈그림 28〉에 나타냈는데, 실제 바닥상태의 스핀은 5/2로 그 바로 위에 있는 제1들뜬상태의 스핀은 1/2로 되어 있다.

우리는 원자핵의 스핀이 원자핵의 내부구조를 직접 반영한다는 것을 산소 내의 예로서 확인할 수 있고 스핀이라는 물리량이 원자핵 구조를 살피는 데에 대단히 중요한 양이라는 것을 알았다. 이와 같은 또 하나의 양으로 반전성이 있다.

반전성이란 무엇인가

반전성도 소립자를 구별하는 성질의 하나이다. 따라서 핵자도 반전성을 갖고 있고, 그 집합체인 원자핵도 반전성을 가진다. 반전성은 고전물리학에서는 전혀 나오지 않는 양이므로 설명하기 아주 곤란하다. 그러나 꼭 필요한 양이므로 어떻게든지 이치를 알아보기로 한다.

소립자나 원자핵의 상태를 기술하는 양을 상태함수(狀態函數) 또는 파동함수(波動函數)라고 부르며 ψ(x, y, z, t)로 적는다. 이 함수 프사이(ψ)는 공간좌표 x, y, z와 시간좌표 t를 주면 결정되는 양이다. 이 함수가 어떻게 변화하는가를 보여주는 것이 운동방정식으로서 ψ라는 함수를 만족시키는 편미분방정식(偏微分方程式)으로 나타낸다. 그러나 여기서는 그 식이 필요하지 않기 때문에 생략한다.

소립자가 시간 t에서 x, y, z의 지점에 존재하는 확률은 ψ의 절대값의 제곱에 비례한다는 것을 알고 있다.

이 같은 파동함수가 공간반전에 대해서 어떻게 변하는지 나타내는 성질을 반전성이라고 한다. 공간반전이란 공간좌표를 전부 반대부호로 하는 것, 즉 x → -x, y → -y, z → -z가 되는 것이다. 그때 파동함수는 본래의 파동함수와 크기는 같고 부호가 바뀌지 않는 경우도 있으며 바뀌는 경우도 있다.

$$\varphi = \varphi(x, y, z, t) \rightarrow \varphi(-x, -y, -z, t) = \varphi(x, y, z, t)$$

이 같이 φ로 나타내는 상태를 양의 반전성상태라고 한다. 이때의 반전성을 +1 또는 간단하게 양(플러스)이라고 한다. 그것에 반하여

$$\varphi = \varphi(x, y, z, t) \rightarrow \varphi(-x, -y, -z, t) = -\varphi(x, y, z, t)$$

와 같은 파동함수로 나타내는 상태를 음의 반전성상태라고 한다. 이 상태의 반전성을 -1 또는 간단하게 음(마이너스)이라고 한다.

 원자핵은 핵자의 집합이므로 원자핵의 파동함수는 성분핵자 파동함수의 곱으로 나타낸다. 또 반전성에도 소립자 고유의 반전성과 궤도각운동량 L에 의한 반전성이 있다. 고유반전성은 핵자나 전자에서는 양, 파이중간자나 케이중간자에서는 음이다. 궤도각운동량에 의한 반전성은 L이 짝수라면 반전성은 양, 홀수라면 반전성이 음이 된다.

 산소 17의 경우에는 〈그림 26〉을 참조하기 바란다. 바닥상태에서는 N=1, J=5/2, L=2인 곳에 1개만 중성자가 채워지므로 이 중성자의 성질이 고스란히 원자핵에 나타난다. 따라서 반전성은 양이다. 산소 17의 바닥상태 스핀이 5/2이고 반전성이 양인 것을 $5/2^+$라는 식으로 스핀값의 오른쪽 위에 반전성의 플러스(+)나 마이너스(-)를 써서 표시한다. 〈그림 27〉에서는 산소의 들뜬상태로서 N=2, J=1/2, L=0인 핵자의 성질이 나타난다고 하면 $1/2^+$가 된다. 들뜬상태에 따라서는 마이너스의 반전성상태도 있다. 실제로 〈그림 28〉에는 그런 상태를 볼 수 있다.

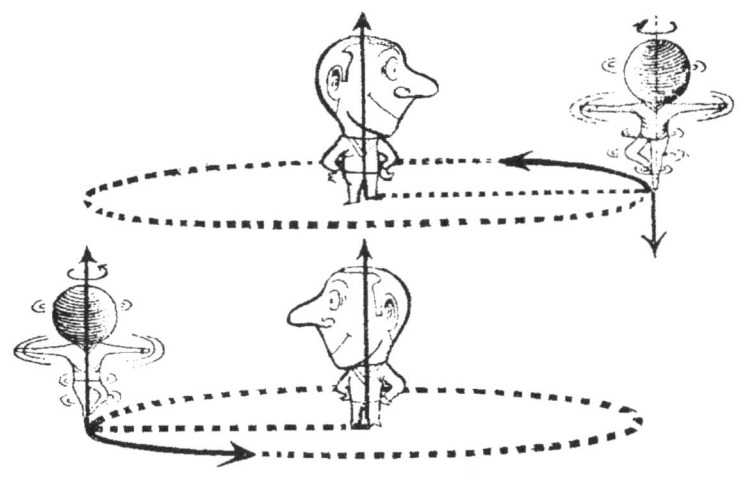

반응하는 물리계

반응하는 물리계의 반전성은 반응 전후에서 보존된다. 이를테면 아래와 같은 반응이 일어났다고 하자.

$$a + A \rightarrow B + b$$

위 식은 정지한 표적핵 A에 입자 a가 입사하여 반응을 일으킨 표적핵 A는 다른 원자핵 B로 변환하고, b라는 입자가 방출된 것을 뜻한다. 이때 우리는 반응 전후에서 에너지가 보존된다는 것을 알고 있다. 에너지는 각 입자의 정지질량(靜止質量)까지를 포함시켜 고려해야 한다.

따라서 반응 전에는 2개의 입자 A와 a의 물리계의 전 에너지는 A와 a의 질량의 합에 a의 운동에너지를 더한 것이 된다. 반응 후에는 B와 b의 질량의 합에 다시 B와 b의 운동에너지의 합을 더한 것이 된다. 이 둘이 같다는 것이 에너지보존법칙을 나타낸다. 이것을 합의 형태의 보존법칙이라고 한다.

반전성의 보존법칙은 이에 대해 곱의 형태의 보존법칙이다. A와 a의 반전성을 각각 P_A, P_a로 적으면 반응 전의 계의 반전성은

$$P_A, \ P_a$$

이라는 곱의 형태가 된다. 한편 반응 후에는 B와 b의 반전성을 각각 P_B, p_a로 적으면 계의 반전성은

$$P_B \ P_b$$

이다. 따라서 반전성의 보존법칙은

$$P_A \ P_a = P_B \ P_b$$

일 것을 요구한다. 실제 이 관계식이 성립된다는 것은 실험으로 확인되었다.

덧붙여 말하면 또 하나 성질이 다른 보존법칙이 있다. 이것은 각운동량의 보존법칙에 관한 것이다. 각운동량의 보존법칙이란 어떤 물리계 반응 전의 각운동량 벡터의 총합이 반응 후의 각운동량 벡터의 총합과 일치하는 것을 뜻한다.

매우 자주 일어나는 현상의 일례는 1개의 입자가 2개의 입자로 분해되는 경우이다. 이를테면 스핀 J_i의 들뜬상태에 있는 원자핵이 감마선을 방출하고 스핀 J_f의 바닥상태로 바뀌는 감마붕괴이다. 감마선이 각운동량 L을 가지고 방출될 때 2^L 극복사(極輻射)라고 한다. 이 경우의 각 운동량의 보존법칙은

$$J_i + J_f + L$$

로 나타낼 수 있다. 〈그림 32〉와 마찬가지로 J_i, J_f, L이란 3개의 벡터가 삼각형의 세 변이라고 생각하면 크기 사이에 다음의 제한이 성립된다.

$$J_i + L \geq J_f \geq |J_i - L|$$

이면 감마붕괴가 진행된다.

$$a + A \rightarrow B + b$$

의 반응에서는 각 입자의 각운동량을 각각 J_a, J_A, J_b, J_B라 하면 각운동량의 보존법칙은

$$J_a + J_A = J_B + J_b$$

라는 것을 뜻한다.

 감마붕괴에서는 이와 같이 각운동량의 보존이 성립되는데, 이 밖에도 물론 에너지의 보존이나 반전성의 보존도 성립된다.
 그런데 지금까지 상식적으로 감마붕괴라고 하였지만 원자핵의 성질이 변하는 것이므로 이것은 원자핵반응의 일종이다. 원자핵반응에는 이와 같이 자발적으로 원자핵이 변환하는 현상, 즉 원자핵의 붕괴와 원자핵을 외계로부터 자극하는 일, 예를 들면 핵자를 빠른 속도로 원자핵에 충돌시킴으로써 원자핵의 상태가 변화하는 현상이 포함된다. 그래서 우선 원자핵붕괴에 대해 정리해 보기로 한다.

4장
원자핵 붕괴

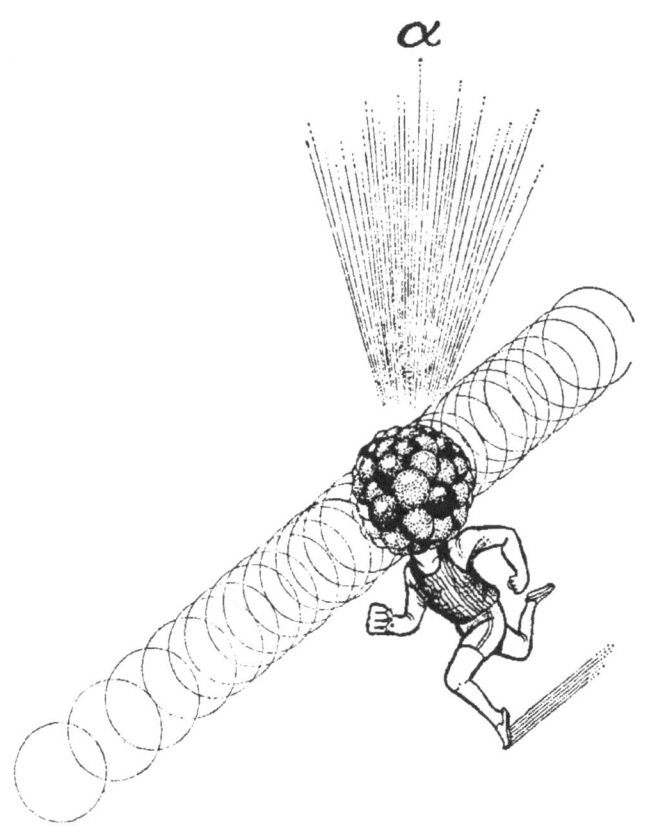

방사능의 발견

 순수한 물질의 최소단위인 분자나 원자는 세월과 더불어 만고불변하며 영구히 존재한다는 사상은 19세기 말까지는 널리 퍼져 있던 대전제였다. 그러나 19세기 말이 되어 어떤 종류의 원소는 다른 것으로부터 아무 작용이 가해지지 않아도 방사능을 방출하여 다른 원소가 되어 버린다는 것이 발견되어 물질관에 큰 영향을 주었다. 동시에 그때까지 믿었던 대전제도 허물어져 버렸다.

 그에 관한 최초의 발견은 1895년 베크렐에 의한 방사능의 발견이다. 이 발견에는 재미있는 에피소드가 전해지고 있다. 당시 그는 X선 연구를 하고 있었고, 그 때문에 건판을 책상서랍에 넣어둔 채 여행을 떠났었다. 여행에서 돌아와 이 건판으로 실험을 하고 현상했더니 통 기억이 안 나는 상이 찍혀 있었다. 그래서 서랍 속에 넣어두었던 다른 건판도 혹시나 하여 현상해 보았더니 이것에도 감광이 되어 있었다. 그는 여러 가지로 궁리한 끝에 서랍 속에 함께 넣어두었던 우라늄 광석이 원인이라는 결론에 도달했다. 그래서 이번에는 새 건판에 이 광석을 얹었더니 어김없이 건판을 감광하는 능력을 가졌다는 것을 확인하여, 우라늄이 방사능(방사선을 내는 능력)을 가지고 있다는 발견을 했던 것이다.

 그 후 퀴리 부부가 여러 전기에 쓰여 있듯 고심 끝에 우라늄보다 훨씬 더 강한 방사선을 내는 원소로서 폴로늄과 라듐이라는 원소를 발견했다.

 방사능을 가진 원자는 그 원자핵이 방사선을 내는 성질을 가지고 있다. 이 방사선이 건판을 감광시킨다. 그래서 방사능을

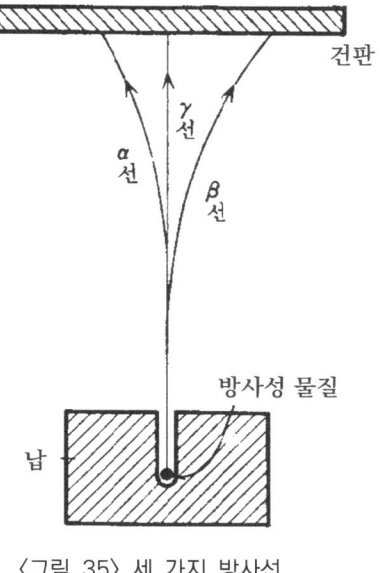

〈그림 35〉 세 가지 방사선

 가진 물질을 〈그림 35〉와 같이 납 상자에 넣으면 방사선은 납으로 차단되어 나오지 못하지만 구멍의 방향으로만 나올 수 있다. 이것을 위에 있는 건판에 조사하면 감광한다.
 다시 〈그림 35〉의 장치로 지면과 수직방향으로 위에서 아래로 자기장을 걸면 건판에는 세 군데 감광하는 것을 볼 수 있었다. 이것은 방사선에는 세 종류가 있고, 자기장에 따라 근소하게 왼쪽으로 휘어지는 방사선을 α(알파)선, 크게 오른쪽으로 휘는 방사선을 β(베타)선, 휘지 않고 직선으로 나가는 방사선을 γ(감마)선이라고 부른다.
 원자핵은 이 세 종류의 방사선 중, 어느 하나를 복사하더라도 핵종의 상태가 변화한다. 방사성물질이 세 종류의 방사선을 방출하는 경우는 원자핵이 방사선을 낼 때마다 변환하고, 그

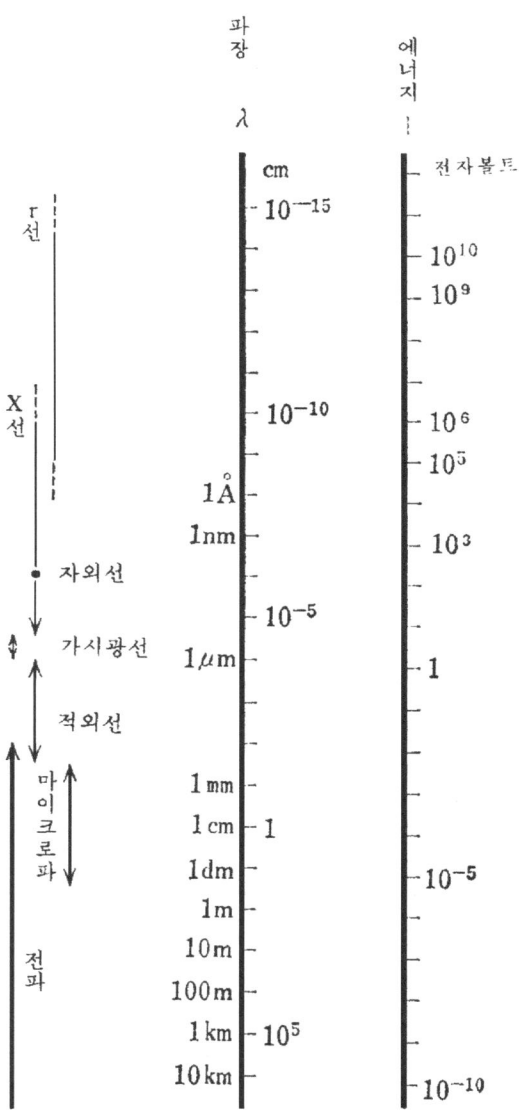

〈그림 36〉 전자기파(광자)의 파장과 에너지

변환한 핵종이 다시 방사선을 방출하는 것이다.

그런데 자기장에 의하여 방사선이 휜다는 것은 방사선의 흐름이 전류와 같은 성질을 가졌다는 것을 가리킨다.

그리고 이 방사선이 휘는 방향으로부터 전류가 흐르는 방향을 알 수 있다. 왼쪽으로 휘어지는 알파선은 +2e의 전하를 가진 원자핵의 흐름이다. 이 원자핵은 헬륨으로 알파입자라고도 한다.

이에 대해 오른쪽으로 휘는 베타선은 전류로서는 위에서 아래쪽 방향으로 흐르고 있는 것에 대응한다. 또는 아래로부터 위쪽으로 향하여 음의 전류가 흐르면 되는 것이다. 실제로 베타선은 $-e$의 전하를 가진 전자로 성립되어 있고, 방사성물질로부터 전자가 튀어나온다. 이 전자를 보통 전자와 구별하여 특히 베타입자라고 한다.

이들 하전입자(전자를 띤 입자)로 성립된 방사선에 대해서 감마선은 전기적으로 중성입자로 성립되어 있다. 감마선은 파장이 극히 짧은 전자기파인데 입자인 상태에서는 광자 또는 광양자라고 한다. 광자는 에너지의 덩어리로서 이것을 감마입자라고 한다. 가시광선이나 X선의 경우보다 훨씬 에너지가 큰 광자이다(〈그림 36〉 참조).

붕괴계열

원자핵이 방사선을 방출하여 원자핵이 변환하는 것을 붕괴라고 한다. 천연 방사선원소인 우라늄이나 토륨 등에서는 붕괴로 생긴 원소도 또한 방사능을 가지며, 차례차례로 다른 방사성원소로 변환하여 드디어 방사능을 가지지 않는 납이 된다. 그래

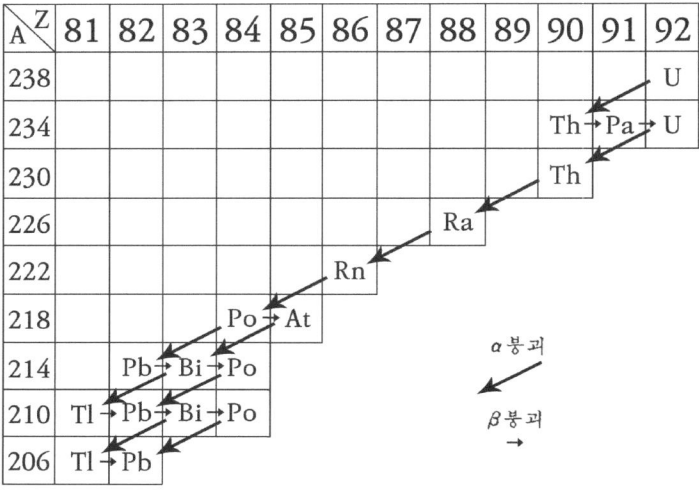

〈그림 37〉 우라늄의 붕괴계열

서 우라늄 238이 차례차례로 알파붕괴나 베타붕괴를 반복하여 원소가 변환하는 상태를 보인 것이 〈그림 37〉이다. 이 방사성 원소의 계열을 붕괴계열이라고 한다. 감마붕괴할 때 원소는 변환하지 않고 그 원소 그대로이므로 이 그림에는 그려 넣지 않았지만 연속붕괴 도중에서는 많은 감마붕괴가 일어난다.

  이 같은 계열에는 우라늄 계열 외에 토륨 계열이나 악티늄 계열 등도 있다.

전자볼트

  방사선의 에너지나 원자핵 준위의 에너지 차를 나타내는 데는 전자볼트(eV)라는 단위를 사용한다. 〈그림 38〉처럼 평행으로 놓인 두 장의 전극판 사이에 전압을 걸어 전위차를 만들고

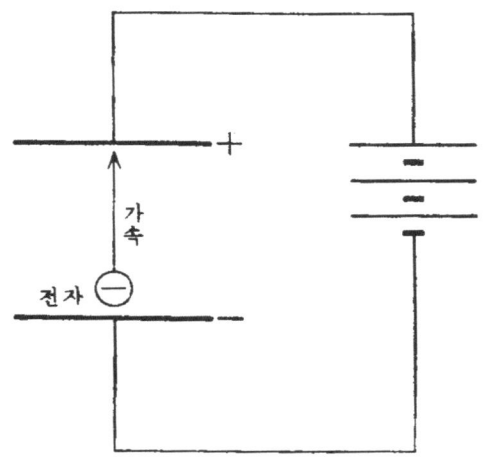

〈그림 38〉 1전자볼트란 전자가 1볼트의 전압을
받아 가속되었을 때의 에너지이다

 음의 전극판 가까이에 전자를 두면, 음전하를 가진 전자는 양의 전극판 쪽으로 끌려 가속된다. 전위차가 1V일 때, 양의 전극판에 도달한 전자가 얻은 운동에너지를 1전자볼트(eV)라고 한다. 1eV는 1조 분의 1.6에르그(erg)에 해당한다. 전압을 올리면 그에 비례해서 전자의 에너지도 증가한다.
 소립자의 질량도 이 전자볼트 단위로 나타낸다. 아인슈타인의 상대론에 따르면 질량과 에너지는 동등하므로 같은 단위가 사용된다. 이를테면 전자의 질량은 511,000eV에 해당한다.

알파붕괴

 원자핵이 알파입자를 방출하여 다른 원자핵으로 변환되는 현상을 알파붕괴라고 한다. 질량수 A, 양성자수 Z의 원자핵을

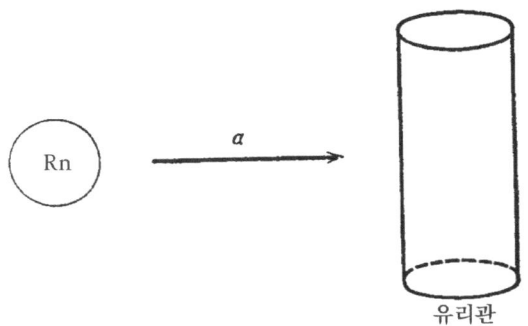

〈그림 39〉 라돈에서 복사되는 알파선을 진공으로 된 얇은 유리관에 조사한다

(A, Z)로 적는다면 알파붕괴는

$$(A, Z) \rightarrow (A-4, Z-2) + \alpha$$

가 된다. 알파입자가 질량수 4, 양성자수 2라는 것에 대해서는 러더퍼드가 1903년 전기장과 자기장을 사용하여 측정했다. 또 그와 그의 제자들은 알파입자가 실제로 헬륨 원자핵이라는 것을 확인하기 위해, 〈그림 39〉와 같은 실험을 1909년에 했다.

먼저 라돈에서 방출되는 알파입자를 진공으로 된 유리관에 조사한다. 유리관은 얇기 때문에 알파입자는 투과해서 안으로 들어가지만 에너지를 상실하여 속도가 떨어져 밖으로 나올 수 없다. 며칠간 조사하면 안에 알파입자가 축적된다. 이 유리관에 전압을 걸어 방전시키면 특유한 X선이 나온다. 그리고 이 X선은 헬륨을 밀폐한 유리관에서 나오는 X선과 일치했다.

〈그림 40〉은 원자핵의 에너지 준위도이다. 수평으로 그린 선의 위치는 어미핵(A, Z) 또는 딸핵(A-4, Z-2)의 질량을 나타낸다. 알파붕괴가 가능하기 위해서는 이 높이의 차, 즉 에너지의

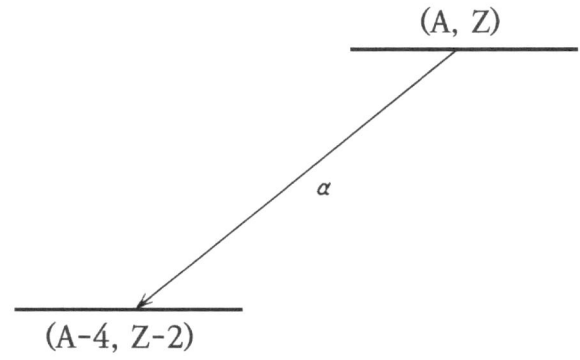

〈그림 40〉 알파붕괴의 에너지 준위도

차가 알파입자의 질량보다 커야 한다. 만약 그보다 크면 여분의 에너지는 알파입자의 운동에너지의 형태로 알파입자에 주어지고, 어미원자핵으로부터 밖으로 튀어나오게 된다.

알파붕괴의 반감기는 알파입자의 운동에너지에 의해 상당히 크게 변한다는 것이 특징이다.

예를 들면 운동에너지가 405만 eV인 알파선을 복사하는 토륨 232의 반감기가 130억 년인 데 비해 운동에너지가 895만 eV인 알파선을 방사하는 폴로늄 212의 반감기는 단지 1000만 분의 0.3초밖에 안 된다. 운동에너지가 약 2배가 되면 반감기는 실로 1조 분의 1의 1조 분의 1로 짧아지는 예는 알파붕괴 외에는 없다.

가모브와 콘돈 등은 1928년 다음과 같은 이론을 착상했다. 원자핵 안의 핵자는 어떤 비율로 알파입자처럼 양성자 2개, 중성자 2개의 덩어리로 존재한다. 그리고 이 입자는 원자핵의 우물형 퍼텐셜 안에서 운동한다.

그런데 방출된 알파입자와 남은 원자핵 간에는 전기적 반발력 즉 쿨롱의 반발력이 작용한다. 따라서 알파입자에는 원자핵 표면에 쿨롱힘의 벽이 막는 것 같이 느껴진다(〈그림 41〉 참조). 그러므로 알파입자의 에너지가 0 이하면 원자핵 안을 헤엄치며 돈다. 0보다 커져도 쿨롱힘의 벽이 정상보다 아래면 아직도 원자핵 내에 남아 있다는 것이 우리의 상식적인 생각이다. 이것은 확실히 고전역학에서는 옳다.

그러나 몇 번이나 되풀이해 말했듯이 마이크로의 세계에서 고전역학은 쓸 수 없게 되었다. 그 대신 양자역학이 성립된다. 그에 따르면 알파입자는 0보다 높은 위치에 해당하는 에너지 E를 가지고 있으면 쿨롱의 벽 속을 서서히 스며들어 끝내는 나와 버린다. 이것을 터널효과라고 한다. 에사키(江崎)다이오드의 터널효과도 이와 같은 성질의 현상이다.

양자역학에서는 입자를 파동으로 다루는 것이 가능하므로 매질이 다를 경우는 그 경계면에서 반사하는 것이 있지만, 일부는 투과하는 성질을 응용한 것이라고 생각하면 터널효과를 이해할 수 있다. 이 터널효과의 확률은 에너지 E에 따라 두드러지게 변화하기 때문에 실험에서 관측되는 반감기의 큰 변화를 설명할 수 있다.

현재는 인공적인 방사성동위원소도 포함하여 약 150종의 알파방사능을 가진 핵종이 알려져 있다.

다음은 베타붕괴를 설명할 차례지만 이 현상은 좀 복잡하기 때문에 간단한 감마붕괴부터 먼저 말하기로 한다.

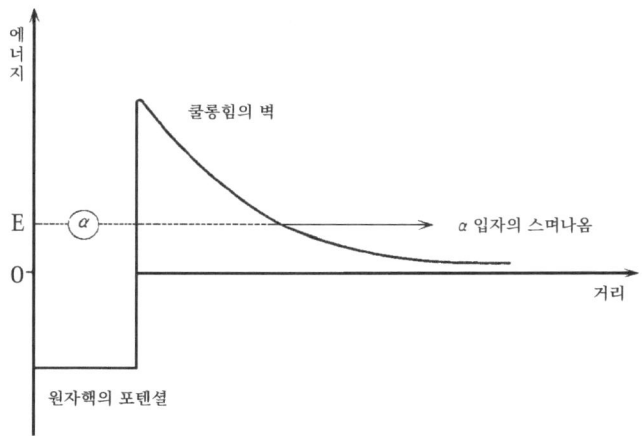

〈그림 41〉 알파입자의 터널효과

감마붕괴

감마붕괴는 들뜬상태에 있는 원자핵이 외계에 여분의 에너지를 방출해서 바닥상태로 되돌아가는 현상을 말한다.

$$(A, Z)^* \rightarrow (A, Z) + \gamma$$

여기서 *표는 들뜬상태를 가리킨다. 원자핵의 들뜬 에너지는 에너지의 덩어리, 즉 광자라는 형태로 핵 밖으로 튀어나간다. 이것이 감마방사선이다. 이 같은 현상은 1900년에 비러드에 의해 확인되었다.

A와 Z가 정해진 어떤 일정한 원자핵이 그 핵종으로서 가장 안정된 상태를 바닥상태라고 한다. 들뜬상태란 원자핵이 흥분해서 내부 에너지가 증가된 상태이다. 원자핵 안에 있는 핵자의 배열상태로부터 이것을 고찰하면 바닥상태는 〈그림 26〉처럼 핵자가 아래 준위로부터 차례로 채워진 경우이고, 들뜬상태는

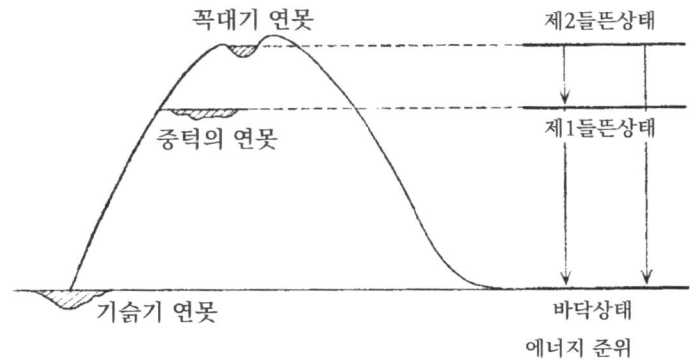

〈그림 42〉 수위의 에너지 준위

핵자 1개(경우에 따라서는 몇 개)가 위쪽 방으로 뛰어올라간 상태이다.

  뛰어올라간 핵자는 아래쪽으로 내려오는 게 더 안정된다. 그때 상하의 방의 차액의 에너지가 남아 핵자 아파트인 원자핵으로부터 튀어나온다.

  이것은 산 위에 있는 호수의 물의 상태와 흡사하다(〈그림 42〉 참조). 물은 산꼭대기 높은 곳에 있을수록 다량의 위치에너지를 가지고 있다. 이 물은 산 중턱에 있는 못까지 파이프로 떨어뜨릴 수 있다. 그렇게 하면 낙차에 비례한 위치에너지가 작아지는데, 그 몫만큼 운동에너지가 늘어난다. 그래서 우리는 이 운동에너지를 이용하여 물레방아를 돌려 곡식을 찧거나 또는 터빈을 돌려 수력발전을 한다.

  이 물은 다시 중턱으로부터 산기슭의 저수지까지 낙하시킬 수도 있을 것이다. 또한 처음부터 산꼭대기에서 산기슭까지 단숨에 파이프로 떨굴 수도 있을 것이다. 물의 위치에너지를 높이로 나타낸 것이 〈그림 42〉 오른쪽의 에너지 준위이다. 기슭에서는 위치에너지가 제일 낮고 안정되어 있으므로 이것을 바닥상태라고 한다. 중턱에서는 위치에너지가 높으므로 제1들뜬상태라고 한다. 실제로 높은 산이라면 더 많은 저수지가 있을 것이다. 그 경우에는 아래쪽에서부터 차례로 제1, 제2 들뜬상태라고 하면 된다.

원자핵이 흥분하여 내부 에너지가 늘어난 상태도 이와 같이 생각할 수 있다. 흥분의 정도가 적은 것부터 차례로 제1, 제2 들뜬상태라고 이름 붙인다. 흥분에너지도 여러 가지 흥분방식이 있으므로 어떤 원자핵모형을 생각하는가에 따라 달라진다. 우리는 이미 〈그림 27〉에서 껍질모형을 들어 핵자의 아파트와 같은 묘사를 할 수 있었다.

원자핵도 인간과 마찬가지여서 흥분상태는 오래 지속되지 않는다. 에너지를 밖으로 발산시키면, 본래의 정상상태로 되돌아간다. 이때 밖으로 발산시키는 에너지가 감마선이다. 원자핵의 에너지 준위도 〈그림 42〉의 수위의 에너지 준위와 같이 그릴 수 있다. 높이에 해당하는 양을 원자핵인 경우 들뜬 에너지라고 하며, 그 크기는 핵종에 따라 다르지만 수백만 eV에서 수만 eV 정도까지 많은 종류가 있다.

들뜬상태는 하나만이 아니고 또 바닥상태로 되돌아가는 방법도 캐스케이드적으로 되는 것이 있는가 하면, 직행방식도 있으므로 여러 가지 에너지의 감마선이 동일 핵종으로부터 복사될 가능성이 있다. 통상 핵종의 에너지 준위도에서는 감마선이 방출되는 길을 수직 화살표로 나타낸다. 그 한 예는 산소의 경우 〈그림 28〉처럼 두 종류의 감마선이 발견되었다.

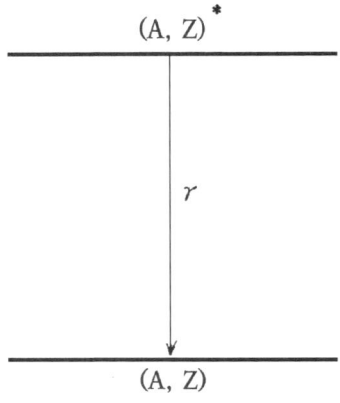

〈그림 43〉 감마붕괴의 에너지 준위

원자핵의 상태(준위)는 적어도 들뜬 에너지, 스핀, 반전성이란 세 종류의 물리량으로 특징지어진다. 감마선을 방사하는 데는 이들 물리량에 관한 보존법칙이 성립되어야 한다.

실제 원자핵에서는 감마선의 각운동량 L이 1이나 2인 경우밖에 관측하기 어렵다는 사정이 있다. 그래서 위쪽에 있는 준위라도 아래쪽 준위로 가는데 스핀과 반전성의 조건이 맞지 않아 감마선이 튀어나갈 수 없다. 그런 곳에는 원자핵의 에너지 준위도에서 수직 화살표가 그려져 있지 않다.

감마붕괴의 반감기는 1000억 분의 1초 정도가 많은데, 100만 분의 1초나 1경 분의 1초라는 것도 있다. 특별한 경우에는 몇 시간이 되는 것도 있다. 감마선 방출에 관계가 있는 2개의 원자핵 수준의 에너지의 차, 즉 감마선의 에너지가 커지면 일반적으로 반감기는 짧아진다. 그러나 알파붕괴같이 극단적은 아니다.

방사선을 방출하는 원자핵붕괴의 마지막 예는 베타붕괴이다.

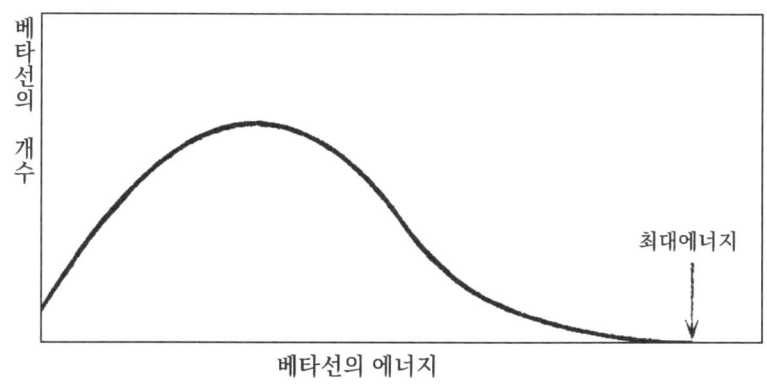
〈그림 44〉 베타선의 스펙트럼

이 현상에는 당초부터 기묘한 성질이 여러 가지 발견되어 물리학자를 계속 괴롭혔다. 그러나 그것이 도리어 다음과 같은 재미있는 발견의 단서가 되어 화제가 됐다. 그래서 이 베타붕괴를 앞의 알파붕괴와 감마붕괴보다 더 자세히 역사적으로 설명하기로 한다.

베타붕괴란 무엇인가?

베타방사능이 있다는 것은 전세기 말부터 알고 있었는데 그 후 오랫동안 베타붕괴 연구는 그다지 진척되지 않았다.

그러나 1914년 채드윅은 최초로 특기할 만한 현상을 발견했다.

베타방사능을 가진 물질로부터 나오는 베타입자의 수를 계수기로 계량하여 베타입자의 에너지마다 기록해 보면 〈그림 44〉처럼 연속스펙트럼이 된다. 운동에너지는 0에서 시작하여 여러 가지 값을 가진 전자가 튀어나오는데 최댓값은 베타선의 변화에 특유한 값을 가진다. 〈그림 45〉는 핵종 (A, Z)인 베타선을

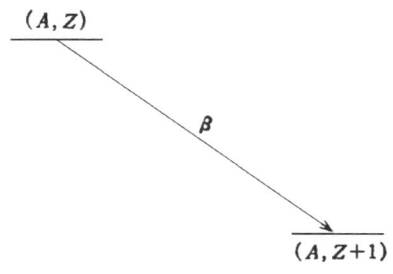

〈그림 45〉 베타붕괴의 에너지 준위

방출하여 핵종 (A, Z+1)로 변환하는 것을 에너지 준위로 표시한 것이다. 높이의 차가 베타선의 연속스펙트럼의 최댓값과 일치한다.

이에 반하여 알파선과 감마선의 스펙트럼은 〈그림 46〉처럼 연속되지 않고 특정한 몇 개의 에너지 값에만 나타난다. 이것을 선상(線狀)스펙트럼이라고 한다. 이 선상스펙트럼의 높이는 방사선의 강도를 나타내며, 계수기로 잰 계수에 대응한다. (A, Z)의 핵종이 (A-4, Z-2)인 바닥상태, 제1 및 제2 들뜬상태로 붕괴하는 일도 있다(〈그림 47〉 참조). 이 경우 알파붕괴를 α_1, α_2, α_3이라 한다면 그에 대응한 에너지 값마다 각각 얼마인가 계수를 볼 수 있다.

계속하여 발생하는 감마붕괴에서는 〈그림 47〉에 보인 것처럼 세 종류의 감마선 γ_1, γ_2, γ_3이 방출되므로, 이것도 또한 〈그림 46〉과 같은 선상스펙트럼이 된다.

채드윅이 베타선의 연속스펙트럼을 발견한 시대는 마침 양자역학의 발흥기였다. 양자역학에 따르면 원자핵 상태는 특정한 에너지 값밖에 취할 수 없고 띄엄띄엄한 값이 허용되므로 〈그림 45〉와 〈그림 47〉과 같은 에너지 준위가 성립된다. 따라서

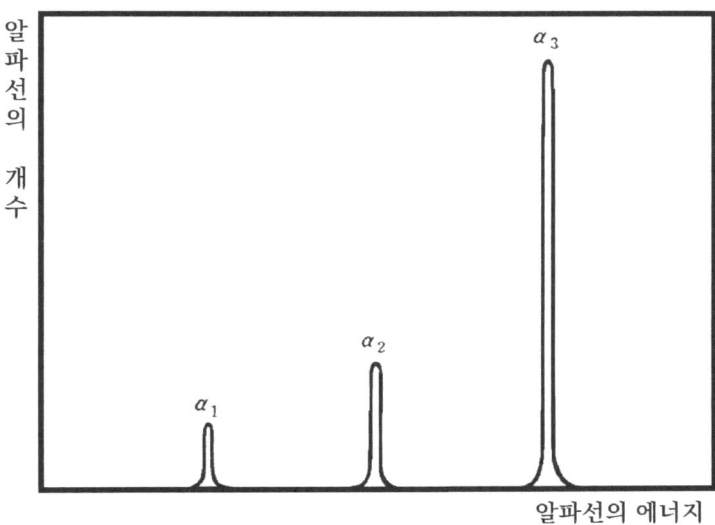

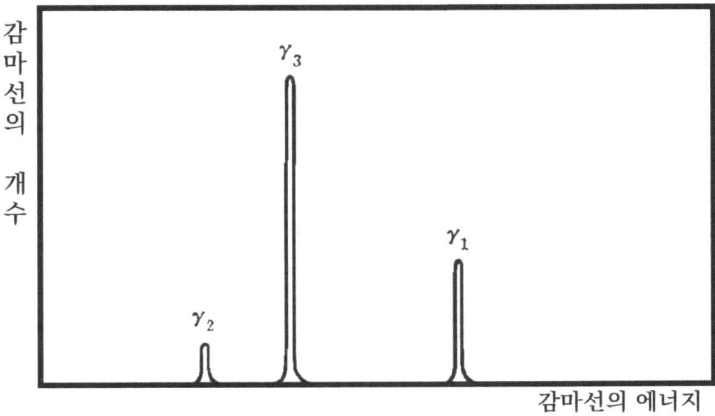

〈그림 46〉 알파선과 감마선의 스펙트럼

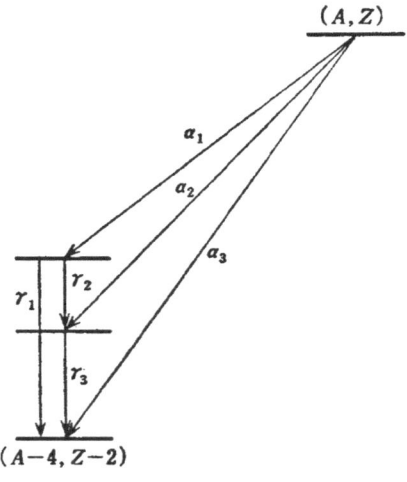

〈그림 47〉 알파붕괴와 감마붕괴

상위준위로부터 하위준위로 옮겨가는(천이한다고 한다) 경우 생기는 여분의 에너지는 띄엄띄엄한 값을 취한다. 또 이 에너지 값은 핵종에 특유한 값을 취한다는 것이 알려졌다. 베타입자의 스펙트럼은 연속스펙트럼인데 최고에너지만은 이 법칙에 일치된다.

 그러면 어째서 베타선은 띄엄띄엄한 에너지 값이 아니고 연속적인 에너지 값을 취할까? 이 점에 대해서는 수많은 가설과 실험상의 시도가 있었다.

 1922년 마이트너 여사의 가설에 따르면 베타방사능을 가진 물질을 포함한 시료는 유한한 거시적인 크기를 가지고 있으므로 시료 내부로부터 나오는 베타선은 시료 표면에 나오기까지 많은 궤도전자와 충돌하여 에너지를 상실하기 때문이라는 것이다. 또 베타선은 진행 도중에 광자를 내고 에너지를 상실할 가

4장 원자핵 붕괴 97

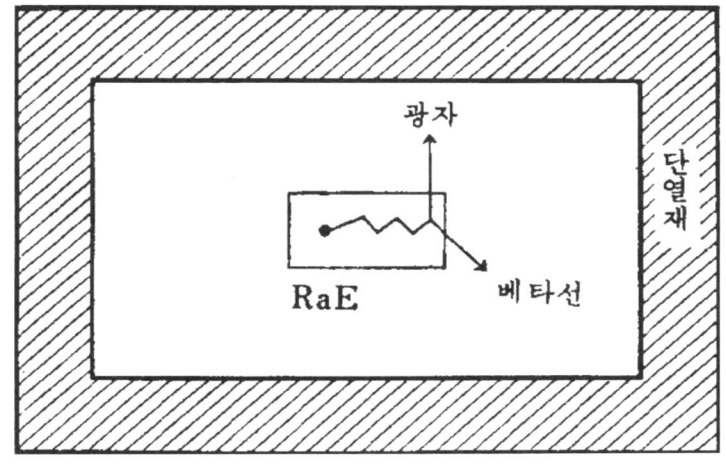

〈그림 48〉 RaE의 칼로리 미터의 실험

능성이 있다. 그러므로 베타선은 어미핵으로부터 방출된 순간에는 같은 에너지라도 계수기로 재면 연속적인 에너지 값이 나타나는 것이 아닐까 하는 설이다.

  이 생각은 1927년에 실험적으로 시험되었다. 이것이 유명한 엘리스와 우스터의 실험이다. 〈그림 48〉처럼 베타방사능을 가진 라듐E(RaE) 시료를 칼로리 미터라고 불리는 단열재로 된 상자 안에 봉입하고, 베타선도 광자도 모두 상자 안에 머물게 해 둔다. 그렇게 하면 베타붕괴 때 방출된 순간의 베타입자의 에너지는 전부 상자 안에 머물러 있게 되고 열에너지로 바뀐다. 그래서 상자 내부의 열량을 측정함으로써 베타입자 1개당 에너지를 알 수 있다.

  그리하여 만약 모든 베타입자의 에너지가 방출될 때 베타 스펙트럼의 최고 에너지와 같은 값이라면 열에너지의 측정에서도

⟨그림 49⟩ 닐스 보어

그 값과 같은 값이 얻어질 것이다. 엘리스와 우스터의 칼로리 측정에 따르면 베타입자 1개당 35만 eV밖에 되지 않았다.

이 값은 ⟨그림 45⟩의 베타선 스펙트럼의 하중평균값에 대한 값 39만 eV에 거의 같아진다. 이 실험의 결론은 베타입자는 원자핵의 에너지 준위의 차에 대응하는 일정 값 105만 eV를 가지고 있고 도중에서 점점 감속되어 가는 베타입자가 있기 때문에 연속스펙트럼이 된다는 가설을 부정한다는 것이다. 원자핵의 에너지 준위가 ⟨그림 45⟩처럼 되어 있는데도 불구하고 베타입자는 방출되는 순간부터 여러 가지 에너지 값을 가진 것이 있다고 생각해야 한다.

이 문제는 오랫동안 당시의 원자핵 물리학자를 괴롭혔다. 당시 이 분야의 제1인자였던 닐스 보어(⟨그림 49⟩ 참조)는 궁리 끝에 다음과 같은 가설을 내놓았다.

에너지의 보존법칙은 원자핵반응과 같은 마이크로의 세계에

〈그림 50〉 볼프강 파울리

서도 성립된다. 그러나 베타붕괴와 같이 극히 가벼운 소립자가 관여할 때에는 에너지보존법칙이 깨지는 수도 있다고 했다. 베타붕괴가 그 예라고 하는 참으로 대담한 가정이었다.

그런데 RaE의 베타붕괴

$$^{210}RaE \rightarrow {}^{210}RaF + e^-$$

로는 또 하나 곤란한 사정이 있었다.

그것은 각운동량의 보존법칙이다. RaE의 스핀은 1, RaF의 스핀은 0, 전자의 스핀은 1/2이다. 이 반응의 우변에서는 각운동량의 합계는 0과 1/2의 합이므로 1/2이 된다. 좌변에서 스핀은 1이므로 시작 상태와 끝 상태에서 수치가 맞지 않는다. 따라서 베타붕괴에서는 각운동량의 보존법칙도 깨져버린다.

그래서 당시 최고의 이론물리학자 중 한 사람이었던 파울리 (〈그림 50〉 참조)는 베타붕괴 때에는 베타입자 외에 또 1개의

입자가 방출된다고 가정했다. RaE의 경우라면

$$^{210}RaE \rightarrow {}^{210}RaF + e^- + \nu$$

이라는 식으로 전기적으로 중성이고, 질량이 거의 없는 스핀 1/2의 입자 ν가 방출된다 하고 이것을 중성미자라고 이름 붙였다. 따라서 RaE와 ReF의 에너지 차는 베타입자와 중성미자의 에너지를 더하면 보존된다. 각운동량 쪽도 문제없이 보존된다.

이 중성미자는 물질과는 거의 상호작용하지 않으므로 엘리스와 우스터의 칼로리 미터 실험에서는 단열재를 자유로이 통과하였다. 그러므로 겉보기에는 에너지가 보존되지 않는 듯이 보인다. 중성미자가 어느 정도 물질을 통과하고 정지하느냐 하는 것은 중성미자의 에너지에 따르므로 일률적으로는 말할 수 없지만, 베타붕괴로 나오는 것이면 지구를 1억 개를 늘어놓고 한쪽 끝에서부터 중성미자를 입사하면 저쪽 끝에서 겨우 멎는 정도로 자유롭다.

그렇기 때문에 중성미자를 포착하는 것은 아주 어렵지만 당시 최고 석학의 아이디어였고 보존법칙도 잘 들어맞았으므로 모두 믿기로 했었다. 그 이후 한참이 지나서야 겨우 중성미자를 포획하는 실험이 성공되었다.

그래서 베타붕괴란 자유로운 중성자, 또는 핵 내의 중성자가

$$n \rightarrow p + e^- + \nu$$

처럼 3개의 입자, 즉 양성자 p, 전자 e⁻, 중성미자 ν로 변환하는 것이라고 이해하게 되었다.

베타붕괴의 페르미이론

파울리의 이야기를 들은 페르미는 당장 이 아이디어에 덤벼들었다. 그리하여 유명한 페르미의 베타붕괴이론이 발표된 것은 1934년이었다.

이 같은 반응에서 원자핵과 핵자는 베타입자와 중성미자와 비교하여 극히 무게가 크기 때문에 운동에너지는 거의 대부분 가벼운 입자로 분배되어 버린다. 이 에너지 분배 상태를 베타입자의 에너지마다 계산해 보면 페르미의 이론에서 실측된 에너지 스펙트럼은 〈그림 44〉를 재현할 수 있다. 이것으로 페르미이론의 정당성이 증명되었고, 간접적으로 파울리의 중성미자의 존재가 확인되었다.

그런데 베타붕괴에는 원자핵이 전자를 방출하는 현상 이외에도 양성자를 방출하는 경우도 있다.

$$^{30}_{16}P \rightarrow {}^{30}_{15}Si + e^+ + \nu$$

이것을 β^+붕괴라고 한다. 인공방사성동위원소 p^{30}은 1934년 이레느 퀴리와 졸리오 부부에 의해 만들어져 이 현상이 발견되었다. 동시에 이것은 인류에 의한 최초의 인공방사능 생성이었다.

이와 비슷한 현상은 궤도전자가 원자핵에 포획 흡수되고, 대신 중성미자가 방출되는 현상이다. 예를 들면 갈륨(Ga)이 아연(Zn)으로 변환한다.

$$e^- + {}^{67}_{31}Ga \rightarrow {}^{67}_{30}Zn + \nu$$

이것을 궤도전자의 포획이라고 한다. 이 현상이 가능하다는 것은 일본의 유가와, 사카다(阪田) 두 박사가 1935년에 예언하고 아르바레 박사가 1938년 ^{67}Ga의 실험적 측정에 성공했다.

이들 현상을 정리하면 원자핵의 베타붕괴는 다음 세 종류의 현상을 포함한다.

β^-붕괴 $\quad (A, Z) \rightarrow (A, Z+1) + e^- + \overline{\nu_e}$

β^+붕괴 $\quad (A, Z) \rightarrow (A, Z-1) + e^+ + \nu_e$

궤도전자포획 $\quad e^- + (A, Z) \rightarrow (A, Z-1) + \nu_e$

중성미자는 현재 두 종류가 있으므로 여기서는 전자와 늘 쌍으로 된 전자중성미자를 ν_e로 적었다. 또 $\overline{\nu_e}$는 반중성미자를 뜻한다. 경입자의 수를 반응 전후에서 보존시키기 위하여 β^-붕괴 때 반중성미자가 방출된다고 정의했다.

그런데 1930년대는 원자핵의 기초적인 발견이 잇달아 일어났다. 페르미의 베타붕괴이론과 더불어 일본의 유가와 박사의 논문도 같은 무렵에 발표되었다.

베타붕괴의 유가와이론

유가와 박사는 1935년 핵자 간의 힘, 즉 핵력에 대한 이론을 수립하고 핵력을 매개하는 입자로서 파이중간자의 존재를 예언했다. 이것은 이미 핵력에 관한 항에서 설명했다(〈그림 23〉참조). 〈그림 23〉을 좀 더 모식화해 보자. 〈그림 51〉에서는 세로축에 시간을, 가로축에 공간을 잡는다(3차원 공간을 가로축 하나로 잡았다). 이 같은 좌표에 그려진 그림을 세계도(世界圖) 또는 파인만도라고 한다. 세로와 비스듬히 그은 선은 각 입자가 시간과 더불어 어떻게 좌표를 변화시키는지 보여준다.

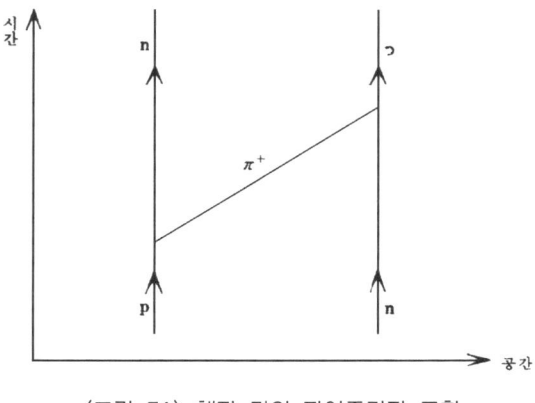

〈그림 51〉 핵자 간의 파이중간자 교환

〈그림 51〉에서의 극히 초기에는 중성자 n과 양성자 p가 있다. 시간이 조금 지나면 양성자는 어떤 시공의 한 점에서 플러스의 파이중간자 π^+를 방출하여 중성자가 된다. 이 중간자는 비스듬히 진행하여 다른 시공의 한 점에서 처음부터 있던 중성자에 충돌하여 흡수된다. 그리하여 중성자는 양성자로 변화하고 파이중간자는 소멸된다. 마지막에는 중성자와 양성자가 뒤바뀌어 존재한다.

이렇게 하여 2개의 핵자는 서로 힘을 전달하여 상호작용한다. 현실세계에서는 마이너스나 0의 전하를 가진 파이중간자와 로중간자, 그 밖의 모든 중간자도 교환될 가능성이 있을 것이다.

유가와 박사가 1935년에 발표한 이론에서는 이 같은 핵력의 중간자론과 더불어 베타붕괴가 논의되었다. 〈그림 52〉를 보자. 시간축, 공간축은 그림 속에서 취하지 않는다. 이 이론에서는 시공의 한 점에서 중성자를 방출한 마이너스의 파이중간자가 시공의 다른 한 점에서 전자와 중성미자로 분리한다고 생각했다.

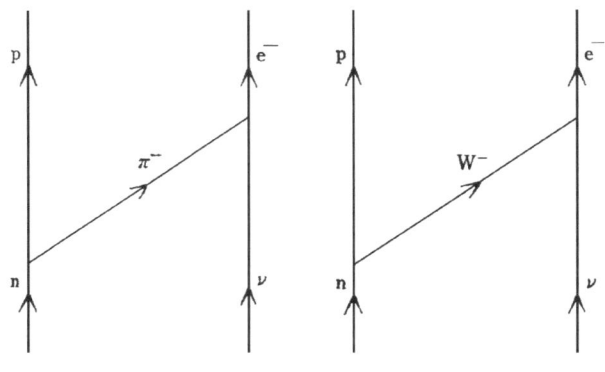
〈그림 52〉 베타붕괴(유가와이론)

현재는 파이중간자가 붕괴하는 한 과정으로서

$$\pi^- \rightarrow e^- + \nu$$

가 관측되고 있으므로 〈그림 53〉의 왼쪽 그림과 같은 베타붕괴가 존재하는 것은 확실하지만 그 빈도가 불충분하다.

그러나 유가와이론의 기초적인 생각, 즉 핵자가 중간자를 통해서 경입자와 상호작용을 하는, 또는 더 일반적으로 페르미입자는 상호작용을 매개하는 입자가 있어서 비로소 힘을 서로 전달한다는 생각은 현재의 시점에서도 살아 있다.

현재는 〈그림 52〉의 오른쪽 그림처럼 질량이 훨씬 무거운 중개보즈입자 W^- 이라는 입자가 베타붕괴의 원인이 된다는 설이 제창되고 있다. W^- 는 아직 발견되지 않았다.

동양과 서양

페르미이론을 세계도로 그려 보면 〈그림 53〉과 같이 시공의

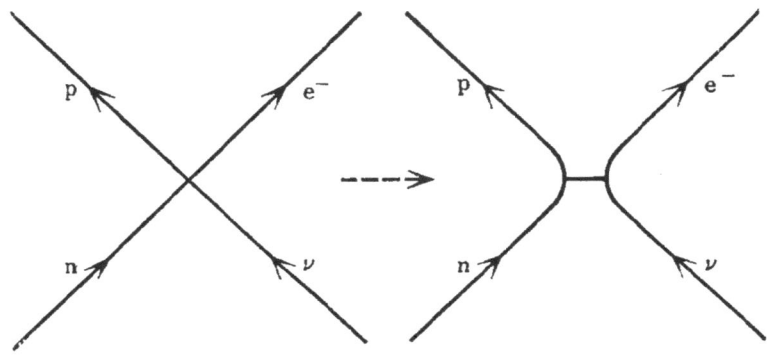

〈그림 53〉 베타붕괴(페르미이론)

한 점에서 4개의 페르미입자(4개의 입자는 모두 스핀이 1/2이다. 이것을 페르미입자라고 한다)가 상호작용한다. 이것을 4페르미온 상호작용, 또는 직접상호작용이라고도 한다.

이에 대해 유가와 박사의 〈그림 52〉의 상호작용을 간접상호작용이라고 한다. 같은 현상을 다루어 힘의 전달기구를 생각하는 데에 이렇게 두 종류의 방법이 있다는 것은 사회적으로도 흥미 있는 대상이 되고 있다.

이탈리아처럼 개방적인 사회기구에서는 직접적인 절충이 사물을 진전시키기 위한 첫째 조건인 데 대해, 동양적인 사회구조에서는 의사전달 기구로서의 중개자(이를테면 신의 마음을 인간세계에 전달하는 무당)의 존재를 암시하고 있다. 페르미 상호작용과 유가와 상호작용에 대해 서양과 동양의 해석에 차이가 있다는 것은 재미있는 일이다.

그런데 어느 쪽이 일반적이냐 하는 것을 논의해 보자. 이것도 또한 관점에 따라 다를지 모르지만, 이를테면 페르미 상호작용의 작용점을 확대경으로 잘 관찰하면 아무래도 〈그림 53〉

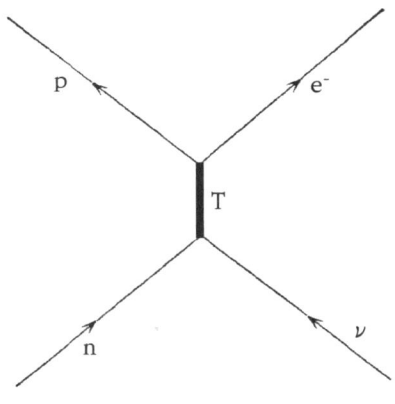

〈그림 54〉 다니가와형 베타붕괴

의 오른쪽 그림처럼 점의 확산 또는 점의 내부구조를 생각하지 않을 수 없게 된다. 이 그림은 바로 〈그림 52〉의 유가와 상호작용과 도형적으로 일치한다.

한편 〈그림 52〉의 극한, 즉 중개보존이 통과하는 과정의 극한은 점이며, 〈그림 53〉과 일치하므로 〈그림 52〉는 〈그림 53〉의 왼쪽 그림을 포함한다고 생각할 수 있다.

실제 중개보존의 질량을 무한대로 크게 잡으면 유가와이론은 페르미이론과 일치된다는 것이 수학적으로 증명된다. 이것은 중개자를 매개로 하여 사물을 진행시킬 때 중개자가 그다지 활동적이지 않으면 결국은 자신이 직접 나서서 거래를 트게 되는 것과 사정이 비슷하다.

그런데 이와 같은 중개보존의 상호작용에는 여러 가지 형식의 확장이 가능하다. 그 대표적인 예로서 다니가와(谷川) 박사의 설을 〈그림 54〉에 소개한다. 〈그림 54〉와 같이 중성자와 중성미자가 합체하여 T보존(다니가와 보존)이 되고, 후에 T보존이 해체하여 양성자와 베타입자(전자)를 방출한다. 이 그림과 유가와형 베타붕괴(〈그림 52〉 참조)와의 기본적인 차이는 유가와형에서는 핵자가 중간자를 방출하여도 핵자인 채로 남는다는 것이다. 경입자는 중간자를 흡수하여도 경입자인 채 남는다. 다니가와형(〈그림 54〉 참조)에서는 그에 반하여, 핵자와 경입자가 합쳐져 T보존이 생겨난다. 만약 T보존이 존재한다면 어떤 종류의 반응에 공명적(共鳴的)인 현상이 일어나는데 현재로는 어느 쪽도 확증이 나와 있지 않다.

그런데 이와 같이 세 종류의 베타붕괴 즉 페르미형, 유가와형, 다니가와형을 생각할 수 있는데 자연계에서 일어나고 있는 것은 어느 것일까. 이것에 대답하기 위해서는 베타선 스펙트럼(〈그림 44〉 참조)을 정밀하게 측정하여 그 현상을 이론과 비교해 볼 필요가 있다.

그러나 그 차이는 통상 극히 작아서 현재의 실험 정밀도로는 구별할 수 없다. 유가와형의 W보존이나, 다니가와형의 T보존의 존재가 직접 관측되면 문제없지만 현재로는 분명한 사실이 포착되어 있지 않다. 그러나 현재 큰 가속기가 만들어지고 있어, 뜻밖의 가까운 장래에 결판이 날지 모른다. 원자핵의 베타붕괴 범위 내에서는 삼자가 모두 그다지 다르지 않기 때문에 현재로는 페르미이론을 사용하고 있다. 또 베타붕괴의 반감기는 다른 붕괴보다도 길다(가장 짧은 것이라도 100분의 1초 정도)는 특징이 있다.

5장

소립자와 그 상호작용

소립자의 분류

20세기로 접어든 최초의 30년간은 원자 연구가 활발했던 시대였으나 아직 소립자가 거의 알려지지 않은 상태였다. 그때까지 알려진 것은 양성자와 전자뿐이었는데, 채드윅이 중성자를 발견하고, 파울리가 중성미자를 가정하는 등 소립자에 관한 지식이 점점 늘어나게 되었다.

다음에는 핵력에 관련하여 파이중간자가 발견되었다. 이 파이중간자는 약 1억 분의 3초의 수명밖에 없고, 뮤입자로 붕괴해버린다. 이리하여 현재는 150종 이상의 소립자가 발견되었다. 앞으로도 계속 새로운 소립자가 발견될 것이다. 현재도 1년 동안 몇 개의 신종 소립자가 발견되는 실정이다.

소립자는 스핀의 크기로 두 종류로 대별된다. 한 종류는 0 또는 양의 정수의 스핀을 가진 경우로, 이것을 보즈입자 또는 보존이라고 부른다. 또 한 종류는 반홀수의 스핀을 가진 경우로, 이것을 페르미입자 또는 페르미온이라고 부른다. 특히 스핀이 1/2인 경우 디랙입자라고 부른다.

이들 입자를 입자의 아파트(핵자 아파트는 그 한 예)에 채워넣을 경우 보즈입자면 한 방에 몇 개든지 밀어 넣을 수 있다. 이것을 보즈-아인슈타인 통계에 따른다고 한다. 한편 페르미입자는 한 방에 1개밖에 들어갈 수 없다. 이것을 페르미-디랙 통계에 따른다고 한다.

이 분류는 너무 크게 나눈 것이어서 그 질량이나 반응을 고려하여 다음 네 종류의 종족으로 나눌 수 있다.

광자족 포톤이라고도 불리며 이것에 속하는 것은 광자뿐이다.

전자기파라고 하면 파동을 생각할 것이다. 이 파를 에너지의 덩어리로 이해할 때 광자(또는 광양자)라는 입자로 포착된다.

가이거 계수기로 감마선을 측정할 경우를 상상하자. 원자핵이 1개, 그 들뜬상태로부터 바닥상태로 천이할 때마다 계수기에 한 번 소리를 내기 때문에 입자로서 느낄 수 있다. 가시광선도 X선도 감마선도 모두 같은 광자이다. 그 차이는 단순히 에너지의 크기가 다를 뿐이다(가시광선 쪽이 에너지가 낮고, 감마선 쪽이 높다. 자세한 것은 〈그림 36〉 참조).

경입자족 렙톤이라고도 부르며 스핀 1/2의 페르미입자로 질량이 가벼운 소립자이다. 전자(e^-) 및 그 반립자인 양성자(e^+), 뮤입자(μ^-)와 그 반립자(μ^+), 중성미자가 있다. 중성미자에는 전자중성미자(ν_e)와 뮤입자중성미자(ν_μ)의 두 종류가 있으며, 각각 반립자 $\bar{\nu}_e$와 $\bar{\nu}_\mu$가 있다. 반립자는 위에 줄을 쳐서 구별한다. 오른쪽 어깨의 표시는 전하이다. ν_e는 전자와 한패이고, ν_μ는 뮤입자의 한패이다. 뮤입자는 한때 뮤중간자라고 불린 적이 있었으나 중간자가 아니고 질량이 크다는 것 외에는 전자와 같은 성질을 보이므로 무거운 전자라고 하는 경우도 있다.

중립자족 바리온이라고도 불리며, 양성자 및 이보다 무거운 페르미입자이다. 양성자(p), 중성자(n)를 한데 묶어 핵자(N)라고 한다. 또 람다입자(Λ), 시그마입자(Σ^+, Σ^0, Σ^-), 그리고 크사이입자(Ξ^0, Ξ^-)를 초핵자(超核子, 하이페론)라고 한다. 바리온은 이상 8개 및 이들의 들뜬상태를 일괄한 총칭이다. 그러므로 스핀이 1/2 이상인 소립자도 있다.

중간자족 메존이라고도 불리며, 원래 파이중간자가 경입자와 핵자의 중간 정도의 질량을 가지고 있는 데서 중간자라고 불리게 되었다. 파이중간자가 π^+, π^-, 케이중간자 K^+, K^0, K^-, $\overline{K^0}$, 오메가중간자 ω, 로중간자 ρ 등이 있다. 그러나 양성자보다 훨씬 질량이 큰 입자(양성자의 3배 전후)가 7개쯤 발견되었다. 이들은 모두 보즈입자이다. 광자 이외의 보즈입자가 이 분류에 속하므로 메존이라고 하지 않고 보존이라고 해도 될 것이다.

현재까지 발견된 소립자는 광자와 경입자를 제외하고 전부가 중립자족이거나 중간자족에 속한다.

소립자를 식별하는 물리량

소립자를 식별하는 물리량은 원자핵 때와 마찬가지로 첫째 무게이다. 무게가 다르면 우선 다른 소립자라고 생각해도 된다.

다음에는 스핀 및 반전성이다. 전하도 식별하는 특징 중 하나이다. 그런데 중립자와 중간자족의 전하는 하전 스핀이나 초전하라는 양을 사용하여 나타낼 수 있다.

하전 스핀에 대해서는 핵자에 관하여 양성자와 중성자를 구별하는 양으로서, 앞에서 간단히 소개했다. 여기서는 좀 더 정량적으로 정의하기로 한다. 하전 스핀 T란 3차원 하전공간에서의 각운동량이다. 하전공간은 우리의 3차원 공간과는 전혀 다른 가상적 공간이다. 3차원 공간이므로 각운동량을 생각할 수 있다. 그것을 T로 적어 하전 스핀이라고 하고, 하전만이 다른 한 조의 입자의 식별에 사용한다. 하전 스핀 T의 자기양자수 T는 통상의 스핀 때와 같이

$$T_z = T, T-1, T-2, \cdots\cdots -T+1, -T$$

와 같이 (2T+1)종류의 값이 허용된다. T_z의 하나하나를 전하에 대응시킨다.

간단한 예는 핵자(N)의 경우이다. 이 경우 2개의 동료 양성자, 중성자가 존재하므로 T의 값은 1/2이다. 따라서 T_z는 +1/2과 -1/2의 두 종류가 있다. 양성자에는 T_z를 +1/2, 중성자에서는 -1/2을 대응시킨다. 이것을 양성자는 하전 스핀이 상향, 중성자는 하전 스핀이 하향이라고 표현한다. T가 같고 T_z가 다를 뿐인 (2T+1)개의 입자를 하전다중항(荷電多重項)이라고 한다.

중성자보다 약간 무겁고, 흡사한 입자에 람다입자(Λ)가 있다. 이것은 1개로만 독립해 있고, 하전 스핀은 0이다. 좀 더 무거운 시그마입자(Σ)에는 Σ^+, Σ^0, Σ^-의 세 입자가 있는데, 시그

<표 3> $1/2^+$ 중립자 8중항

※ 질량은 100만 전자볼트(MeV) 단위로 나타낼 때는 전자질량 0.511MeV를 곱하면 된다

중립자			양자수				질량	수명
총칭	조	명칭	Q	T	Tz	Y	(전자질량단위)	(초)
핵자	N	p	1	1/2	1/2	1	1836	안정
		n	0	1/2	-1/2	1	1838	1.0×10^3
하이페론	Λ	Λ^0	0	0	0	0	2183	2.5×10^{-10}
	Σ	Σ^+	1	1	1	0	2328	0.81×10^{-10}
		Σ^0	0	1	0	0	2331	1.0×10^{-14}
		Σ^-	-1	1	-1	0	2341	1.7×10^{-10}
	Ξ	Ξ^0	0	1/2	1/2	-1	2567	3.0×10^{-10}
		Ξ^-	-1	1/2	-1/2	-1	2585	1.7×10^{-10}

마입자는 하전 스핀이 1이므로 세 종류의 전하가 가능하다. 더 무거운 크사이입자(Ξ)에는 2개의 동료 Ξ^0, Ξ^-가 속한다. 이상 7개의 입자는 핵자와 흡사하므로 초핵자 또는 하이페론이라고 이름 붙였다.

하전 스핀에 의한 분류는 광자족과 경입자족은 제외한다. 이들 두 종족은 나중에 설명하겠지만 상호작용의 방식이 다르기 때문이다. 이에 대해 바리온족과 메존족은 서로 강하게 상호작용하기 때문에 하전 스핀에 의한 분류법에 적합하다.

<표 3>에는 가장 잘 알려진 중립자, 즉 핵자(N), 람다입자(Λ), 시그마입자(Σ), 크사이입자(Ξ)가 들어 있다. 이들 소립자는 모두 스핀이 1/2, 반전성은 플러스, 질량은 전자 질량의 약 2,000배이다. 각 조 사이에는 전자 질량의 약 200배 정도의 질량 차가 있다. 이들 8개의 입자를 한 조로 다루는 편이 편리

한 경우도 있다. 이것을 $1/2^+$ 바리온 8종항이라고도 한다.

N과 Λ나 Σ 또는 Ξ를 식별하는 양자수로서 초전하 Y가 도입되었다. Y는 소립자의 전하 Q를 하전 스핀의 z성분 T_z로 나타낼 때의 나머지 부분이라 생각할 수 있다.

$$Q = T_z + 1/2\,Y$$

이렇게 하면 N, Λ, Σ, Ξ에 대하여 초전하 Y의 값은 각각 1, 0, 0, 1이 된다. 따라서 중립자 8중항의 각 입자는 T, T_z, Y로 정하면 된다.

중립자의 경우, 초전하에서 1을 뺀 수

$$S = Y - 1$$

을 기묘도라고 한다. 핵자에 대하여 S는 0이므로 전혀 기묘하지 않은 입자이다. 람다나 시그마입자는 S가 -1이므로 약간 기묘하게 되고, 크사이입자는 S가 -2로서 기묘도가 강해진다.

이 기묘도라는 개념은 1953년에 나카노(中野), 니시지마(西島) 두 박사 및 이 두 박사와는 별도로 겔만에 의해 도입된 것이다. 그런데 원자핵의 질량수 A는 핵자에 대하여 1이다. 이것을 확장하여 모든 중립자(바리온)에 대해 B=1이라는 값을 주어, 이것을 바리온 수라고 한다. 기묘도는

$$S = Y - B$$

로 나타내기도 한다. B는 중립자 외에 소립자에 대해 0으로 한다.

중립자의 반립자에 대해서는 B의 값을 -1로 취한다. 이렇게 해두면 반응 전후에 물리계의 바리온 수의 총계는 변하지 않는

〈표 4〉 O⁻ 중간자 8중항
※ 붕괴방식에 따라 수명이 달라진다

중간자		양자수				질량	수명
총칭	명칭	Q	T	Tz	Y	(전자질량단위)	(초)
K	K^+	1	1/2	1/2	1	967	1.2×10^{-8}
	K^0	0	1/2	-1/2	1	968	※$\begin{cases} 5.7 \times 10^{-8} \\ 0.9 \times 10^{-10} \end{cases}$
η	η^0	0	0	0	0	549	2.5×10^{-19}
π	π^+	1	1	1	0	273	2.6×10^{-8}
	π^0	0	1	0	0	264	0.9×10^{-16}
	π^-	-1	1	-1	0	273	2.6×10^{-8}
$\overline{K}$	$\overline{K^0}$	0	1/2	1/2	-1	968	※$\begin{cases} 5.7 \times 10^{-8} \\ 0.9 \times 10^{-10} \end{cases}$
	K^-	-1	1/2	-1/2	-1	967	1.2×10^{-8}

다는 법칙이 실험적으로 성립된다. 반립자에 대해서는 B뿐만 아니라 Tz, Y, S의 부호가 대응하는 입자와는 역부호가 되고, 따라서 하전 Q도 역부호를 취한다.

중간자족에 대해서도 중립자와 마찬가지로 분석이 가능하다. 〈표 4〉에 보인 8개의 중간자는 모두 스핀이 0이고, 고유반전성이 마이너스이다. 이들은 O⁻중간자 8중항이라고 한다. 이 중 $\overline{K}$는 K입자의 반립자이다. 반립자는 본래의 입자의 기호머리에 가로줄을 쳐서 표시한다. 중간자는 중립자가 아니므로 B의 값은 0이다. 따라서 중간자에서는

$$S = Y$$

즉, 기묘도와 초전하가 같다. 전하는 중립자인 때와 마찬가지로

〈그림 55〉 새뮤얼 차오 충 팅

$$Q = T_z + \frac{1}{2} Y$$

로 나타낼 수 있다.

중립자에는 스핀 값이 3/2과 5/2 등의 입자가 있고, 중간자에도 스핀이 1 이상인 것이 다수 발견되고 있다.

1974년 말에 그때까지 소립자표에 실린 입자와 전혀 성질이 다른 새 입자가 발견되었다. 그들은 양성자의 3배 또는 4배 가까이 되는 큰 질량을 가졌다.

미국의 브룩헤이브 국립연구소의 새뮤얼 차오 충 팅 박사(Samuel Chao Chung Ting, 丁肇中, 1936~ , 〈그림 55〉) 그룹이, 또 그와는 별도로 스탠퍼드 대학의 선형가속기연구소에서 버턴 릭터 박사(Burton Richter, 1931~ , 〈그림 56〉) 그룹이 처음으로 31억 eV의 입자를 발견하였다.

충 팅 박사 그룹은 제이입자 J, 릭터 박사 그룹은 프사이입

〈그림 56〉 버턴 릭터

자(ψ)라고 이름 붙였으므로 현재도 J/ψ입자라고 한다. 이 표기에서는 J는 층 팅(丁) 박사라는 글자와 비슷한 데서 땄고, 또 ψ쪽은 사진에 찍힌 비적이 이 글자를 닮은 데에 유래한다는 설이 있다.

새 입자는 질량 31억 eV의 입자 외에 몇 종류가 더 있다. 이들 특징은 질량이 무겁다는 것, 보존에서 스핀이 1, 반전성이 마이너스의 입자라는 것이다. 그런 입자 세 종류가 발견되었는데 그 후 훨씬 다른 스핀, 반전성을 가진 입자도 있는 모양이어서 결국 7종류 정도가 확인되었고, 앞으로도 더 발견될 전망이다.

이들 소립자는 지금까지 발견된 소립자와는 다른 성질을 가지고 있다. 그것은 무게가 무거운 데도 불구하고 예상되는 수명보다 길기 때문에 지금까지의 소립자와는 다른 규칙으로 붕괴하는 것이 아닌가 생각된다. 그 때문에 T, T_z, Y 등과는 달리 또 하나 여분의 자유도를 가졌다고 생각할 수 있다. 이것을 참 번호(매력도)라고 한다.

종래의 소립자에 대해서는 매력도를 0으로 잡고, 새 입자는 매력도를 가진 입자인 참입자와 크기가 같고 부호가 반대인 매력도를 가진 반참입자가 결합하여 속박 상황을 구성하는 입자라고 생각하는 것이다. 또 결합하지 않는 단독 참입자도 발견되었다는 이야기가 조금씩 화제가 되고 있다.

그런데 이와 같은 갖가지 소립자가 관측되는 이유는 이들 소립자가 계수기 안에서 소립자와 반응을 일으키거나 또는 사진 건판에서 건판을 구성하는 물질의 원자나 소립자와 서로 반응하기 때문이다. 소립자 상호 간의 작용을 특히 소립자의 상호작용이라고 하며, 소립자의 성질을 연구하는 데에 큰 실마리가 되고 있다. 원자핵도 핵자의 집합체이므로 원자핵의 여러 현상도 결국은 이 소립자의 상호작용에 의해 야기되는 것이라고 생각한다.

소립자 상호작용

만약 소립자 상호 간에 서로 반응하는 힘이 없다고 하면 어떤 결과가 될까. 소립자가 몇 개 모여 결합하는 것은 불가능하다. 그렇게 되면 지금 어떤 물질이 존재할 수 없게 된다. 더욱이 소립자를 찾아내려 해도 손으로 잡을 수 없다. 따라서 소립자는 있든 없든 우리에게는 전혀 아무 관계가 없는 존재가 되어버린다. 첫째, 우리 자체가 존재하는 이유가 없어진다.

현실 세계에서는 이미 소립자가 있다는 것을 알고 있으므로 소립자의 상호작용이 있다. 상호작용에도 몇 가지 종류가 있는데 현재는 다음 네 종류가 확인되고 있다.

〈그림 57〉 도모나가 신이치로

강한 상호작용

핵자에 의한 파이중간자의 산란 때에 작용하는 힘과 핵자 간에 작용하는 핵력 등을 통틀어 강한 상호작용이라고 부른다. 일반적으로는 중립자족과 중간자족 사이의 상호작용을 총칭한다. 따라서 이들 두 종류의 소립자를 일괄하여「강한 상호작용을 하는 입자」라는 뜻으로 강립자(하드론)라는 이름이 붙여졌다. 강립자 간의 상호작용은 다른 상호작용과 비교하면 단연코 강하므로 강한 상호작용이라고 한다.

이 상호작용의 특징으로는 강하다는 것 외에 1조 분의 1㎝ 이하의 단거리에서밖에 작용하지 않는다는 것이다. 원자핵 속에서는 쿨롱의 반발력을 이겨낼 만한 핵력에 의한 양성자 간의 인력이 있으므로, 양성자 N개가 핵 내에 머물 수 있다. 이 핵력이야말로 6장에서 말할 원자핵반응의 원동력이 되는 힘이다. 대다수의 소립자가 10^{-21}초 정도의 짧은 수명으로 붕괴해버리는 원인은 강립자가 강한 상호작용을 가지고 있기 때문이다.

〈그림 58〉 슈잉거

이 상호작용은 1935년 유가와 박사의 연구에 의해 처음으로 정식화되었다. 인류는 이 상호작용의 조절(원자핵분열 등)에 손을 갓 댄 단계에 있다. 이 상호작용의 조절에 성공하느냐 못하느냐가 인류의 운명을 좌우한다고 생각되고 있다.

전자기 상호작용

전기적 또는 자기적인 상호작용을 총칭하여 전자기상호작용이라고 한다. 전하 간에 작용하는 쿨롱힘이나 자석에 관계된 자력이 이 분류에 들어간다. 소립자에는 전하가 있어 쿨롱힘이 작용하는 것은 물론이지만, 소립자는 스핀이 있기 때문에 막대자석의 성질을 가지고 있고 자력도 작용한다. 분자에 의한 가시광선이나, 원자에 의한 X선의 복사 및 흡수현상, 원자핵의 감마붕괴, 원자핵에 의한 알파입자의 러더퍼드 산란(러더퍼드가 원자핵을 발견한 실험) 등은 이 전자기상호작용에 의하여 일어난다. 이 상호작용은 강한 상호작용보다 100분의 1 정도 약하다

〈그림 59〉 파인만

고 한다.

인류는 이 상호작용에 대하여 약 250년의 경험과 연구의 축적을 가졌다. 그리고 이미 그 성질의 대강을 터득하고 자유로이 응용해서 우리의 일상생활을 충실하게 하는 데 활용 가능한 단계에 와 있다.

이 상호작용의 기본적인 물리량, 이를테면 전자의 전하나 막대자석의 세기(자기능률이라고 한다) 등은 유효숫자 10자리의 정밀도로서 측정되었으며, 가장 정밀한 물리 실측값의 하나로 되어 있다.

양자역학을 도입한 전자기학의 체계는 양자전자기역학이라 하여 1949년 도모나가(朝永) 박사, 슈잉거, 파인만 등에 의해 전개되었다(〈그림 57, 58, 59〉 참조).

약한 상호작용

소립자에는 비교적 장수하는 것, 이를테면 100억 분의 1초 또는 그보다 긴 수명을 가진 입자가 존재한다. 그 예는 〈표 3〉 및 〈표 4〉에서 볼 수 있다. 람다입자는 100억 분의 2초로 파이중간자와 핵자로 붕괴되어 버린다. 파이중간자는 1억 분의 3초에 뮤입자와 뮤온 중성미자로 붕괴된다. 다시 뮤입자는 100만 분의 2초로 전자와 2개의 중성미자로 붕괴된다. 단독으로 존재하는 중성자는 약 17분으로 베타붕괴되고 양성자와 전자 및 중성미자로 변환된다. 원자핵도 갖가지 수명으로 베타붕괴된다는 것은 앞에서 말했다.

  람다입자, 파이중간자, 뮤입자의 붕괴는 우리의 일상생활과 비교하면 대단히 빠르게 생각될 것이다. 그러나 대부분의 소립자의 수명이 10^{-21}초 정도로 짧은 것과 비교하면 1조 배나 경(京) 배 장수한 것이 된다.

  따라서 이들 소립자의 붕괴나 원자핵의 베타붕괴는 매우 느린 반응이라고 해야 한다. 상호작용의 세기를 나타내는 결합정수는 이 경우 아주 작고, 그러므로 약한 상호작용이라 할 수 있다. 이 상호작용의 결합정수는 현상에 관여하는 소립자의 질량에 따라 나타내는 방법이 다른데, 그 예로 핵자의 질량을 단위로 하면 전자기상호작용보다 1억 분의 1 정도로 작아진다.

  이 상호작용의 역사는 베타방사능의 발견 이래 연구되었지만, 약한 상호작용이라는 형태로 인식된 것은 페르미의 베타붕괴 이론 전후에 불과하다.

  반응속도가 느리기 때문에 계수기로 잴 때의 계수가 적고, 다른 현상에 비해 빈도가 적으므로 조사하기 어려워 오랫동안 그 본질을 알지 못했다. 1957년에 반전성비보존이라는 획기적인 발견이 있자 이에 영향을 받아 많은 연구가 진척되었는데 이것에 대해서는 항을 달리하여 설명하기로 한다.

만유인력

이 힘은 질량과 질량 간에 작용하는 힘이다.

따라서 별과 별 사이, 태양과 지구 사이에 상호작용하는 힘이 이에 해당한다. 그러므로 질량이 클 경우에는 관측이 가능하지만 소립자와 소립자 간의 만유인력은 소립자 자체의 질량이 작기 때문에 약한 상호작용과 비교하더라도 엄청나게 작다는 것을 알고 있다. 거시적인 범위에서는 일반상대론 등을 통해 연구되고 있으나 소립자 단계에서의 상호작용의 성질에 대해서는 거의 모르고 있다.

알려진 것은 반립자에 작용하는 중력도 입자에 작용하는 중력과 같다는 정도이다. 그러므로 음전자와 양전자도 같은 낙체의 법칙에 따른다. 음전자는 지구에 끌리고, 양전자도 지구로부터 멀어지는 일 없이 음전자와 같은 힘으로 지구에 끌린다.

제5의 힘

소립자의 상호작용으로 강한 상호작용, 전자기상호작용, 약한 상호작용, 만유인력의 네 가지를 소개했는데, 자연현상이 이 네 종류인지 아닌지는 물론 현 단계에서 단정할 수 없다. 종래에도 새 현상이 발견되면 그때마다 제5의 힘이 있지 않을까 하는 새 이론이 발표되었지만, 아직껏 학회에서 공인할 만한 뚜렷한 사실은 없고, 결국은 위의 네 종류의 힘으로 설명할 수 있었다.

그러나 우리의 지식이 실험적으로나 이론적으로 극히 한정된 범위밖에 미치지 못하고 있다는 입장에서라면, 장래에 제5의

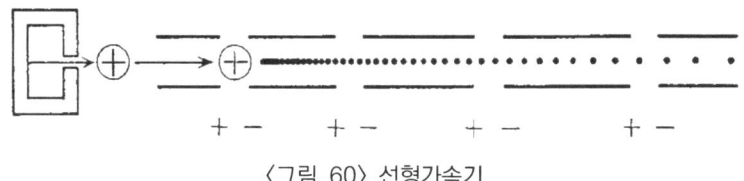
〈그림 60〉 선형가속기

새로운 상호작용이 발견될지도 모르겠고, 오히려 그런 가능성이 크다고 생각하는 편이 타당할지 모른다. 그럴 경우에 주의해야 할 것은 종래의 네 종류의 힘으로서는 설명할 수 없음을 충분히 검토해 두어야 한다. 이 기회에 한번 웅대한 구상으로 이 커다란 문제와 맞붙을 사람이 나타나기를 바라 마지않는다.

그런데 갖가지 소립자를 만들기 위해서는 양성자 등 하전입자를 가속하여 핵자 또는 원자핵과 충돌시키는 것이 아무래도 필요하다. 또 6장에서 말할 원자핵반응을 시킬 경우에도 양성자나 알파입자를 일정한 에너지까지 가속하여 원자핵에 충돌시켜야 한다. 그래서 이 기회에 가속기에 대해 간단히 말해 둔다.

가속기

1전자볼트(eV)라는 에너지의 단위는 1볼트(V)의 전위차가 있는 전극판으로 전자를 운동시켰을 때 전자가 얻는 운동에너지와 같다는 것은 이미 설명했다(〈그림 38〉 참조).

가속 원리는 본질적으로는 이와 꼭 같은 일을 몇 번이나 반복하는 데 있다. 그래서 선형가속기(線型加速器)라는 장치를 예로 들어 이야기하겠다(〈그림 60〉 참조). 왼쪽 끝은 이온을 만드는 장치로서 이온원이라 부르며, 양전하의 이온이 만들어진다. 이 양이온은 수평으로 오른쪽으로 날아가 첫째 원통으로 들어간

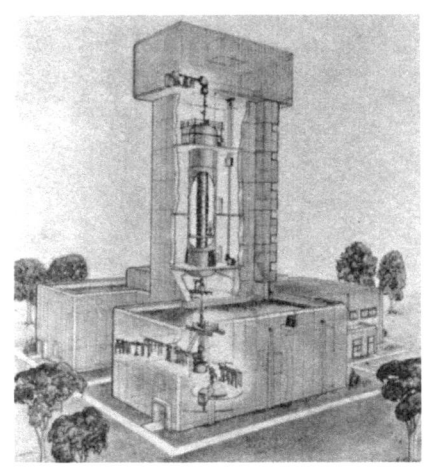

〈그림 61〉 츠쿠바 대학의 페레트론

다. 첫째 원통을 통과하는 순간 그림과 같이 음양의 전압이 틈새에 걸린다. 따라서 이온은 원통과 원통 사이를 통과하면서 가속되어 속도가 증가한다. 일정한 시간에 비행하는 거리도 증가하므로 둘째 원통은 첫째 원통보다 길게 만들어진다.

일정 시간 후 둘째 및 셋째 원통 사이의 틈새에 달하고, 다시 음양의 전압이 걸려 양이온이 가속된다. 셋째 원통의 길이는 둘째 원통보다 더 길게 만들어졌다. 다음에 이것을 반복하면 가속될 때마다 속도가 늘고, 원통의 길이가 차례로 길어진다. 전압은 교류전압을 사용한다.

이것의 장점은 이온의 빔이 어디서든지 가속되어 있으므로(나중에 나오는 이온도 차례차례로 각 간극에서 가속된다) 이용할 수 있는 가속하전입자의 강도가 강하다는 것이다. 한편 결점으로는 원통 길이가 나갈수록 자꾸 길어지고 비용이 많이 든다는 것이다.

5장 소립자와 그 상호작용 127

〈그림 62〉 도쿄 대학 원자핵 연구소의 전자싱크로트론

 양성자, 알파선, 가벼운 핵이온 등을 가속하는 데는 이런 종류의 가속기가 많이 쓰이고, 전압을 거는 방법이 서로 다르다. 이 선형가속기 중에 원자핵 실험에 흔히 사용되는, 발명자의 이름을 딴 밴더 그래프가속기라는 장치가 있다. 〈그림 61〉은 일본의 츠쿠바(筑波) 대학의 장치로서 밴더 그래프 중 특히 페레트론이라고 부르는 형이다. 양성자가 2400만 eV 정도까지 가속되는데, 가벼운 핵이온도 가속된다. 전자를 가속하는 장치는 문자 그대로 전자선형가속기라고 부른다. 미국 스탠퍼드 대학의 장치는 길이 약 2㎞에 달하며 200억 eV까지 가속할 수 있다.
 선형가속기는 뒤쪽 원통이 길어지지만, 만약 교류전압의 주기를 조금씩 짧게 할 수 있다면 길이를 일정하게 할 수 있다. 이렇게 하면 이온의 빔 전부를 가속할 수는 없고, 주기가 같은 일부 이온군만 가속된다. 따라서 가속빔의 강도가 작아진다. 또 이 원통을 어떤 곡률로 해서 원형으로 배열하면 가속전압의 주

〈그림 63〉 제네바에 있는 유럽연합원자핵연구소. 싱크로트론은 중앙에 있는 원형터널 안(지하)에 들었다

기에 맞는 이온군은 배열된 같은 원통을 몇 번이나 돌아서 차례로 가속된다.

비행 중인 하전입자는 진행방향에 직각방향으로부터 자기장을 걸면 진행방향이 휘어진다. 하전입자의 흐름은 전류와 같으므로 쉽게 이해될 것이다. 이것은 초등학교 과학에서 배우는 모터의 원리와도 같다. 입자의 에너지가 늘면 속도가 빨라지고 원심력이 늘기 때문에 입자가 궤도에서 밖으로 튀어나가려 한다. 그래서 튀어나가지 못하게 그에 맞추어 원통의 전자석을 강하게 해야 한다. 이 같은 장치를 싱크로트론(円型加速器)이라고 한다.

이런 장치로는 일본 도쿄(東京) 대학의 원자핵연구소의 전자싱크로트론이 있다. 전자의 가속에너지는 약 13억 eV이다(〈그림 62〉 참조). 일본의 츠쿠바산 기슭에 있는 고에너지 소립자연구소에서는 1976년 양성자싱크로트론이 완성되어 120억 eV까지

〈그림 64〉 미국 브룩헤이븐국립연구소. 싱크로트론은 왼쪽 위 언덕 지하에 있다

가속된다.

세계에서 운전 중인 대형 양성자 가속기는 스위스 제네바에 있는 유럽연합 원자핵연구소(〈그림 63〉 참조)와 미국의 뉴욕주 브룩헤이븐 국립연구소(〈그림 64〉 참조)에 각각 약 300억 eV, 러시아 세르프코프의 700억 eV 등이 있다.

최대의 장치는 미국 일리노이주 바타비아의 국립가속기연구소에 있는 2000억 eV의 양성자싱크로트론이다. 1972년 봄부터 가동하여 많은 실험을 하고 있다.

그럼 주제인 원자핵으로 돌아와서 그 성질, 특히 원자핵은 변환하는 것이라는 입장을 좀 더 추구해 보자. 자발적인 알파, 베타, 감마의 각 붕괴 과정에 대해서는 소개했는데, 천연으로도 이 같은 방사능을 가진 핵종이 존재한다.

그러나 현재는 그 외에 인공적으로 만든 방사성핵종이 다수 있다. 안정된 방사능을 갖지 않는 핵종으로부터 이와 같은 새 핵종을 만들어내는 과정을 원자핵 반응 또는 간단하게 핵반응이라고 한다.

6장
원자핵 반응

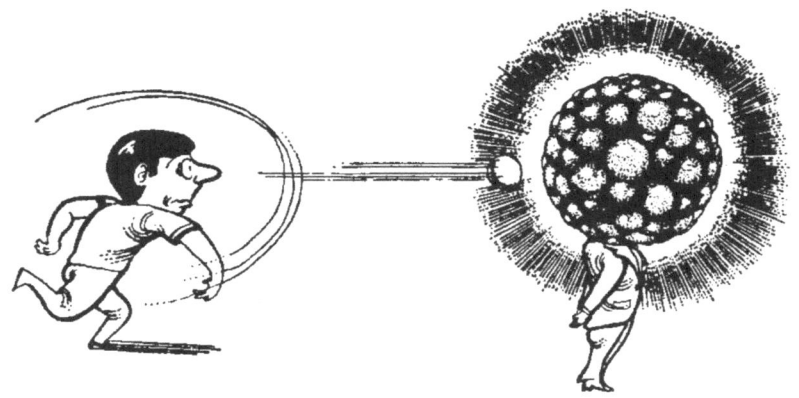

다양한 원자핵 반응

방사성핵종이, 말하자면 정적으로 입자를 방출하는 데 대해 원자핵반응은 동적인 현상이다. 낮은 에너지로부터 높은 에너지까지 여러 가지 속도로 가속된 모든 종류의 하전입자를 비롯하여 감마선, 중성미자, 중성자 등을 원자핵에 충돌시켰을 때 발생하는 현상을 핵반응이라고 한다. 현재 우리가 알고 있는 원자핵 구조에 관한 지식은 대부분 이 핵반응 덕분이다.

원자핵의 표적에 입사된 입자는 그 에너지를 상실하지 않고 산란되는 경우가 있다. 이것을 탄성산란(彈性散亂)이라고 한다. 또 어떤 때는 이들 입자가 원자핵 속으로 들어가 에너지를 상실하고 다시 원자핵으로부터 튀어나오는 일도 있다. 이것을 비탄성산란이라고 한다. 이 비탄성산란 중에는 입자가 원자핵 속에 들어가지 않고, 전하나 자석의 힘으로 원자핵을 들뜨게 하고 입자 자체는 에너지를 상실하는 경우도 있다.

또한 입사입자와는 다른 입자가 원자핵으로부터 방출되는 경우도 있다. 이 마지막 과정이 원자핵반응이다. 그러나 광의로는 위의 세 가지 과정까지도 원자핵반응이라고 할 수 있을 것이다 (〈그림 65〉 참조).

핵반응에서는 표적핵 A에 입자 a를 충돌시켜 그 결과 반응이 일어나 원자핵 B가 생겨 입자 b가 방출된다. B를 잔류핵(殘留核)이라고 한다.

$$a + A \rightarrow B + b$$

이것을 A(a, b)B로 간단하게 적는다.

그런데 원자핵반응에는, 예를 들어 $^{10}B(\alpha, p)^{13}C$ 처럼 ^{10}B와

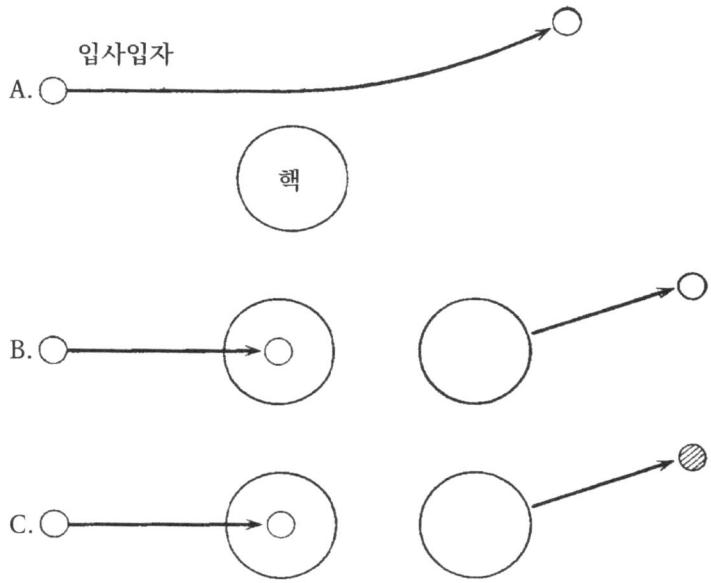

〈그림 65〉 입사입자의 행동. A는 탄성산란, B는 비탄성산란, C는 원자핵반응(입사입자와 다른 입자가 방출되어 핵종도 변환된다)

α가 합쳐져서 복합핵이 만들어지고 거기에서 입자가 방출되는 반응, 중양성자의 벗기기(stripping) 반응, 원자핵 분열 등이 있다. 경우에 따라서는 뮤입자나 파이중간자가 원자핵에 흡수되거나 또는 중간자가 발생하는 경우도 있다.

원자핵반응의 종류는 극히 다양해서 한마디로 다 할 수는 없지만, 반응이 실제로 진행하기 위해서는 충족되어야 할 몇 가지 조건이 있다. 그것은 보존법칙이라고 부르는 규칙이다.

다음에 말하는 몇 가지 물리량은 반응 전후에 같은 값을 취해야 한다. 이것을 당해물리량의 보존법칙이라고 한다.

이하 예로서 $^{10}B(\alpha, p)^{13}C$의 경우를 생각해 보기로 한다.

$$^4_2He + ^{10}_5B \rightarrow (^{14}_7N) \rightarrow ^{13}_6C + ^1_1H + Q$$

로 표기되는 것이다. B는 붕소를 나타낸다.

  대부분의 원자핵반응에서는 입사입자가 표적핵과 한 번 반응한다. 그리고 잘 혼합된 다음, 그중 1개 혹은 몇 개의 핵자가 덩어리가 되어 방출되고 잔류핵이 생기는데, 이 반응도 같은 과정으로 진행된다. 여기서 Q는 Q값이라 불리며 반응 후의 핵과 핵자의 운동에너지의 합으로부터 입사입자의 운동에너지를 뺀 양이다.

  그럼 다음에 핵반응에 있어서 보존되어야 할 여러 물리량을 열거한다.

전하의 보존 반응 후의 전하의 총량은 반응 전의 전하의 총량과 같다. 앞에 적은 핵반응 식에서는 전하는 원소기호의 왼쪽 밑에 붙어 있는 숫자이다. 앞의 반응에서는 반응 전의 총전하는 2+5로 7, 반응 후는 6+1로 7이 되고, 실제로 전하가 보존되는 것을 알 수 있다.

질량수의 보존 질량수는 핵자의 수를 나타낸다. 이 수는 원소기호의 왼쪽 위에 붙여 나타내는 것인데, 앞의 반응의 경우는 반응 전이 4+10, 반응 후가 13+1로 균형이 잡혀 있다.

  전하의 보존과 질량수의 보존을 조합하면 중성자수를 보존하는 것을 알게 된다. 핵자 이외의 중립자를 포함하는 반응에서는 바리온수가 보존되어야 한다. 경입자나 중간자가 관여할 때는 중성자 수가 반드시 보존되는 것은 아니다.

예를 들면

$$\mu^- + p \rightarrow n + \nu_\mu$$

이다.

각운동량의 보존 계의 각운동량 벡터의 총합이 반응 전후에서 같다는 것을 뜻한다. 벡터의 덧셈 때문에 전하나 질량수의 보존처럼 단순하지 않다. 제2장의 스핀에 대한 항을 참조하기 바란다.

^{10}B의 스핀이 3이고, 알파입자의 스핀이 0이므로, 반응 전에는 계 전체로서 각운동량이 3이 된다. 두 입자의 상대적인 각운동량은 0으로 했다. 이것은 알파입자가 100만 eV 정도일 때는 맞는다고 한다. 반응 후에서는 ^{3}C도 양성자도 스핀이 1/2이므로 스핀의 합은 1이거나 0밖에 없다. 이대로는 반응 전과 균

형이 잡히지 않는데, 상대적인 궤도각운동량 L을 생각하면 보존된다. 그러기 위해서 L의 값은 2, 3 또는 4면 가능하다.

반전성의 보존 원자핵의 껍질모형에 따르면 ^{10}B, ^{4}He, ^{1}H은 모두 반전성이 양이다. 계 전체의 반전성은 개개의 반전성 및 상호 간의 궤도각운동량의 반전성의 곱이 된다. 반응 전의 궤도 각운동량은 0이므로 전체로서 반전성은 양이다. 그래서 반응 후에도 양이 될 필요가 있다. ^{1}H의 반전성은 양, ^{13}C의 반전성이 음이므로 궤도각운동량의 반전성이 음이라면 양, 음, 음으로 곱셈을 하면 양이 된다. 궤도 각운동량 L의 값은 그 보존조건으로부터 2 또는 3 또는 4였다. 따라서 L을 3으로 선택하면, 반전성보존법칙은 충족된다. L의 값으로 2 또는 4는 반전성의 조건에서 배제되게 된다.

질량과 에너지의 보존 원자핵반응에서는 질량만의 보존, 또는 운동에너지만의 보존은 뜻이 없다. 상대성원리에 따르면 질량도 에너지의 일종이므로 계 전체의 에너지로서는 질량과 운동에너지를 합산한 양을 생각해야 한다. 각 입자의 정지질량을 M, 운동에너지를 E로 나타내고, 또 입자의 이름을 괄호 속에 표시한다. 지금 예로 들고 있는 반응에서는

$$M(^{10}B) + M(^{4}He) + E(^{4}He)$$
$$= M(^{13}C) + E(^{13}C) + M(^{1}H) + E(^{1}H)$$

가 성립되어야 한다. 질량 M은 에너지단위로 나타낸 수치이다. 그러면 Q값은

$$Q = E(^{13}C) + E(^1H) - E(^4He)$$

라고 정리되어 있으므로 이 Q값을 쓰면 위 식은

$$M(^{10}B) + M(^4He) = M(^{13}C) + M(^1H) + Q$$

가 되고, 화살표로 표시한 반응식과 꼭 같은 형식이 얻어진다. 더구나 에너지 값으로 적고 있으므로 등식이 된다.

그러면 이만 준비를 해두고, 다음은 원자핵반응이 발견된 과정을 역사적으로 더듬어 보기로 하자.

원자핵반응의 발견

러더퍼드는 1919년 핵반응에 대한 극히 중요한 발견을 했다. 그는 알파입자를 질소에 충돌시켰을 때 비적이 긴 양성자가 발생하는 현상을 발견했다. 이것이 핵반응실험의 시작이다. 이로부터 13년간 (α, p)형의 핵반응이 가장 가벼운 13종의 핵종에 대하여 행해졌다.

1939년이 되자 닐스 보어가 원자핵반응의 복합핵이론을 발표했다. 이 이론에 따르면 원자핵반응은 우선 첫 단계에서 표적핵과 입사입자가 반응하여 복합핵이라는 상태를 만들고, 둘째 단계에서 복합핵이 해체되는 두 단계로 나누어 반응이 진행된다는 것이다. 그러기 위해서는 다음과 같은 세 조건이 충족되어야 한다.

복합핵

첫째, 복합핵은 여러 가지 방법으로 만들어진다는 것이다. 예

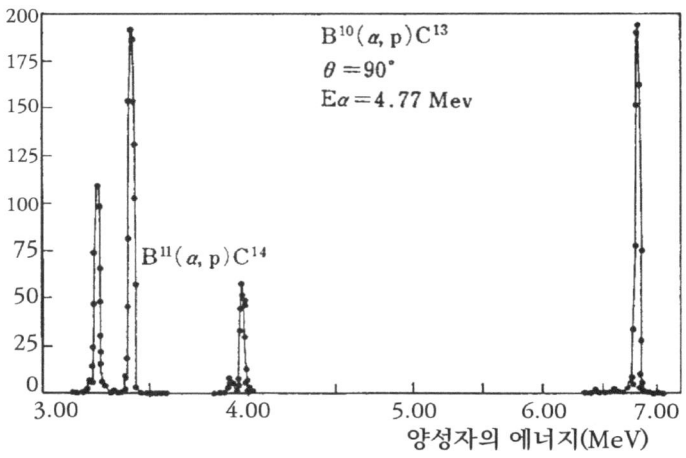

〈그림 66〉 $^{10}B(\alpha, P)^{13}C$의 반응에서의 양성자 스펙트럼

로서 ^{14}N라는 복합핵의 어떤 일정한 들뜬상태를 (^{14}N)로 적기로 한다. 이 상태는

$$\begin{array}{l} \alpha + {}^{10}B \searrow \\ d + {}^{12}C \rightarrow ({}^{14}N) \\ p + {}^{13}C \nearrow \end{array}$$

와 같이 몇 종류나 되는 방법으로 동일한 (^{14}N)을 발생시킬 수 있다.

둘째, 입사입자가 원자핵을 가로지르는 데 소요되는 시간(10^{-22}초 정도)에 비하면 복합핵의 수명은 충분히 길다(약 $10^{-16\pm3}$초)는 것이다.

셋째, 한번 복합핵이 만들어지면, 이번에는 그 복합핵이 붕괴할 때 그 복합핵이 어떤 과정을 거쳐 생겼는가 하는 것에는 전혀 관계가 없게 된다는 것이다. 또 붕괴에 있어서는 몇 종류의 분해 방법(채널이라고 한다)이 경합한다.

$$(^{14}N) \begin{matrix} \nearrow {}^{10}B + \alpha \\ \nearrow {}^{12}C + d \\ \searrow {}^{13}C + p \\ \searrow {}^{13}N + on \end{matrix}$$

예로서, $^{10}B(\alpha, p)^{13}C$의 반응에 대하여 입사입자의 방향에 대해 90°방향으로 튀어나오는 양성자의 스펙트럼을 〈그림 66〉에서 확인할 수 있다. 이 경우 입사알파입자의 운동에너지는 477만eV였다. 반응 결과 생기는 잔류핵에는 일반적으로 에너지 준위는 많이 있지만 바닥상태가 될 때 제1에너지가 남아돌기 때문에 양성자의 운동에너지가 최대가 된다. 이것은 〈그림 66〉에서 오른쪽 피크인 곳에 대응한다.

그림에는 나머지 세 군데의 피크가 있으며, 우로부터 좌로 각각 ^{13}C의 309만, 368만, 385만 eV인 곳에 있는 들뜬상태에 대응한다. 이것을 에너지 준위도로 그려 보면 〈그림 67〉처럼 된다. 양성자스펙트럼의 390만 eV인 곳에 있는 작은 피크는 표적으로 사용한 ^{10}B 속에 2%쯤 남아 있던 ^{11}B에 의한 것으로, $^{11}B(\alpha, p)^{14}C$라는 반응에서 ^{14}C의 바닥상태로 진행할 때 방출되는 양성자가 섞여 관측되었기 때문에 생긴 피크이다.

그런데 복합핵 분열 때의 채널을 보자. 중성자를 내고 있는 채널이 있다. 이 반응은 $^{10}B(\alpha, p)^{13}C$와 더불어 $^{10}B(\alpha, n)^{13}N$ 반응에서 관측된다. 농축하지 않은 천연붕소를 사용하여 폴로늄이 방사하는 알파선으로 때려 보면 $^{10}B(\alpha, n)^{13}N$이 일어나는데 $^{11}B(\alpha, n)^{14}N$도 일어난다.

실제로 방출되는 중성자수는 앞의 것 10%, 뒤의 것 90%의 비율이 된다. 채드윅이 중성자를 발견한 것은 바로 이 원소를

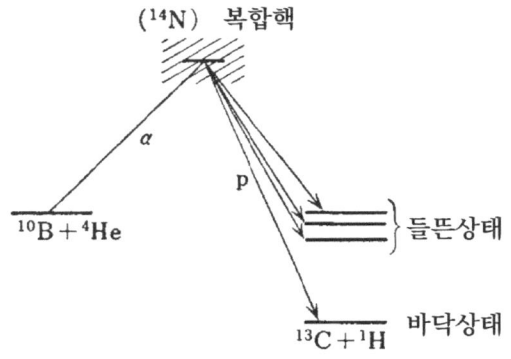

〈그림 67〉 $^{10}B(\alpha, P)^{13}C$의 에너지 준위

사용한 덕분이다. 그는 $^{11}B(\alpha, n)^{14}N$으로 가정하고 중성자의 질량을 정확하게 측정했으며, 그 값은 현재의 기술로 측정한 값과 1,000분의 1 정도의 오차밖에 없는 정확한 것이었다.

붕소에 알파선을 충돌시킨 실험은 또 다른 중요한 발견을 유발하였는데 그것은 인공방사능의 발견이다.

인공방사능의 발견

당시 영국의 캐번디시연구소에서는 가벼운 핵종에 알파입자를 충돌시키는 실험을 하고 있었다. 이 실험은 핵종에 방사능이 나타나지 않을까 하는 예상에서 1932년 이전부터 진행되었다. 당시의 입자검출기는 공교롭게도 양성자에만 반응하고, 양전자에는 반응하지 않는 것이었다. 그래서 모처럼 ^{13}N에서 나오는 양전자가 있었는데도 이것을 검출할 수가 없었다.

한편 1932년 여름, 앤더슨 박사는 우주선을 포획하는 안개상자의 사진을 해석하여 양전자를 발견했다. 양전자는 디랙 박사가 전자의 반립자로서 존재함을 예언한 입자였다.

이 바로 뒤에 앤더슨과 네더마이어 박사는 탈륨 208로부터 방출되는 262만 eV의 감마선을 무거운 물질, 예를 들면 납에 조사하여 음전자와 양전자가 튀어나오는 것을 발견했다. 이 현상을 감마선에 의한 전자의 쌍창생(雙創生, pair production)이라고 한다.

그런데 파리 대학에서는 이레느 퀴리와 졸리오 두 박사가 안개상자를 써서 여러 가지 실험을 하던 중 알파입자를 붕소에 충돌시키는 동안 양전자 e^+가 방출되는 것을 발견했다. 이것은 알루미늄이나 마그네슘에서도 마찬가지로 일어났다. 그래서 그들은

$${}^4_2He + {}^{10}_5B \to {}^{13}_6C + {}^1_1H$$

의 반응과 더불어

$$ {}^4_2He + {}^{10}_5B \to {}^{13}_6C + {}^1_0n + e^+ $$

라는 반응이 일어나는 것이 틀림없다고 생각했다.

이 가정은 실은 옳지 못했다. 그 후 6개월 동안 실험을 계속한 결과 알파선의 빔을 정지한 후에도 양전자가 방출되는 것을 알게 되어 인공방사능이 확인되었다. 이 양전자는 음전자와 함께 나오는 것이 아니어서 전자의 쌍창생에 의한 것은 아니었다.

이 양전자 방사는 무거운 원소인 토륨, 우라늄, 악티늄 등의

알파붕괴, 음전자붕괴, 감마붕괴와 더불어 가벼운 원소의 새로운 종류의 방사능이라고 할 수 있다.

이레느와 졸리오는 그들의 실험을 다음과 같이 해석했다.

$$^4_2He + ^{10}_5B \rightarrow ^{13}_7N + ^1_0n$$

즉, 먼저 질소 13과 중성자가 만들어진다. 그다음 질소 13은 약 10분의 반감기에 양전자의 베타선을 방출하고 탄소 13으로 변환한다고 생각했다.

$$^{13}_7N \rightarrow ^{13}_6C + e^+ + \nu$$

알루미늄(Al)과 마그네슘(Mg)의 경우의 반응은 다음과 같이 나타낸다(Si는 규소).

$$^4_2He + ^{27}_{13}Al \rightarrow ^{30}_{15}P + ^1_0n$$

$$^{30}_{15}P \rightarrow ^{30}_{14}Si + e^+ + \nu$$

및

$$^4_2He + ^{24}_{12}Mg \rightarrow ^{27}_{14}Si + ^1_0n$$

$$^{27}_{14}P \rightarrow ^{27}_{13}Al + e^+ + \nu$$

그들은 더 화학실험을 하여 분명히 ^{13}N과 ^{30}P가 존재한다는 것을 확인했다.

페르미의 베타붕괴이론은 마침 이 발견과 때를 같이했다. 베타붕괴에 e^-방사와 e^+방사가 있다는 것이 실험적으로 확인된 것은 페르미에게도 또 이레느와 졸리오에게도 퍽 기회가 좋았다.

그런데 알파입자를 붕소에 충돌시키는 반응에서는 먼저 복합핵 (^{14}N)이 만들어진다. 다음에 복합핵이 몇 개의 채널을 거쳐 분해된다는 과정이 옳다면 다른 방법으로 (^{14}N)를 만들어도 나가는 채널은 붕소와 알파입자의 반응의 경우와 같을 것이다.

예를 들면 중양성자 ^{12}C를 충돌시켜도 (^{14}N)가 만들어진다. 실험을 해보았더니 틀림없이 붕소와 알파입자 때와 같이 양성자와 중성자를 방출한다는 것이 관측되었다.

$$\alpha + {}^{10}B \searrow \quad \nearrow {}^{13}N + n$$
$$({}^{14}N)$$
$$d + {}^{12}C \nearrow \quad \searrow {}^{13}C + p$$

이 발견들로부터 1년도 채 못 되는 동안에 140종이나 되는 핵반응이 확인되었다.

그런데 양전자복사의 베타방사능이 발견된 직후인 1934~5년에 페르미와 그의 협력자들은 얻을 수 있는 모든 핵종을 모조리 중성자로 조사하여 음전자복사의 방사능을 가진 핵종을 40종 이상이나 발견했다. 이 같은 방사능을 내는 반응은 (n, γ) (중성자가 핵 내에 들어가 흡수되고, 감마선이 방출되는 반응을 나타낸다. 이하 마찬가지), (n, p), (n, α) 등이 있다.

예를 들면 β^-방사능을 가지는 나트륨 ^{24}Na라는 핵종은 다음과 같은 세 가지 반응에 의하여 만들 수 있다.

$${}^{23}_{11}Na(n,\gamma){}^{24}_{11}Na$$

$${}^{24}_{12}Mg(n,p){}^{24}_{11}Na$$

$${}^{27}_{13}Al(n,\alpha){}^{24}_{11}Na$$

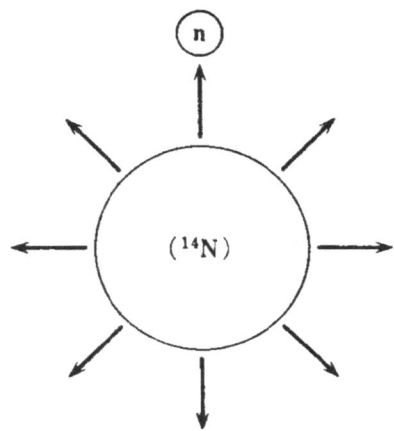

〈그림 68〉 복합핵(^{14}N)에서 방출되는 중성자는 이 핵이
정지된 좌표계에서 보았을 때 어느 방향이
든 같은 확률로 튀어나간다

이렇게 하여 생긴 $^{24}_{11}Na$는 다음과 같이 전자와 반중성미자를 내고 베타붕괴를 한다.

$$^{24}_{11}Na \rightarrow {}^{24}_{12}Mg + e^- + \overline{\nu_e}$$

우라늄에 중성자를 조사하면 베타방사능을 가진 핵종이 몇 종류 생긴다. 이들 핵종은 초우라늄원소라고 잘못 생각되었다. 그러나 5년 후인 1938년 한과 슈트라스만이 화학적으로 분석함으로써 방사능을 가진 것은 중위의 원자핵이며, 또 이들 핵은 우라늄이 핵분열했기 때문에 생겨난 핵종이라는 것이 발견되었다. 핵분열에 대해서는 7장에서 자세히 설명하겠다.

그런데 원자핵반응에서 입사입지의 방향을 기준축으로 잡았을 때 방출입자가 어느 각도로, 어떤 빈도로 튀어나가느냐를

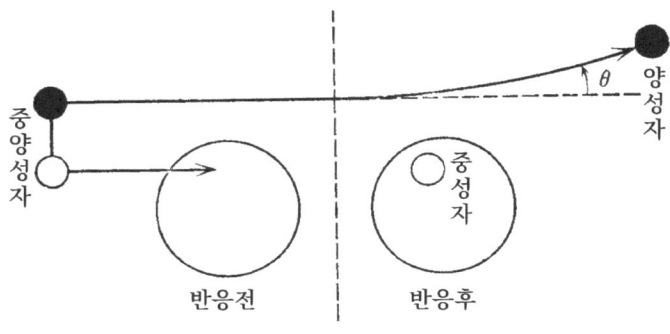

〈그림 69〉 벗기기 반응

측정한 양을 각분포라고 한다. 복합핵이 생기면 이 수명은 비교적 길기 때문에, 그 시간 안에 어떻게 자신이 생겨났는가 하는 과정이 망각되고 만다. 그리고 방출입자는 복합핵으로부터 무질서한 방향으로 튀어나가 버린다. 즉 ^{14}N가 정지해 있는 좌표계로부터 보아 방사상(放射狀)으로 튀어나가게 된다(〈그림 68〉 참조).

벗기기 반응

이것에 반하여 어떤 종류의 핵반응에서는 각분포가 방사상이 아닌 입사방향과 관계가 뚜렷한 경우가 있다. 그 대표적인 예는 디피반응(d, p)이다.

이 반응은 일명 스트리핑반응이라고도 불린다. 이 명칭으로 불리는 것은 입사중양성자 d 중 중성자가 원자핵과의 상호작용 때문에 박탈되어 벗겨지기 때문이다(〈그림 69〉 참조). 양성자는 핵의 쿨롱힘 때문에 튕겨 나가 각도 θ방향으로 산란된다.

이 같은 반응의 중간상태에서 복합핵이 생기는 일은 없다.

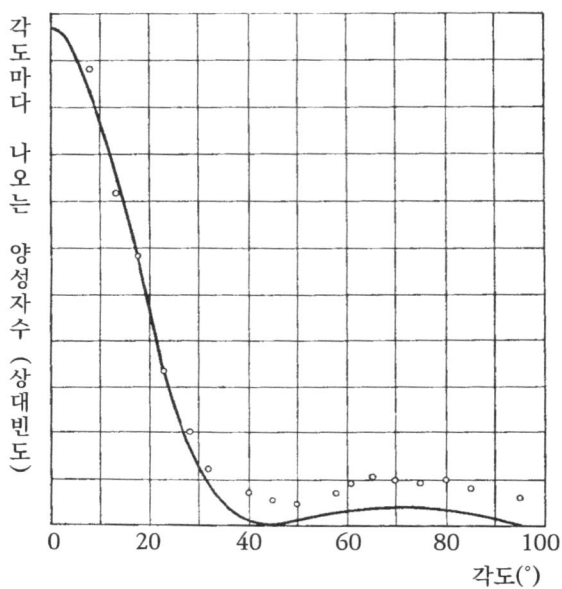

〈그림 70〉 $^{19}F(d, p)^{20}F$반응에서의 양성자의 각분포(○표는 실험값, 실선은 이론값)

그리고 반응 경과가 도중에 알 수 없게 되어 버리는 일은 없고, 마지막까지 기억이 남아 있으므로 각분포에 그 기억이 반영해서 뚜렷한 각도 변화를 보인다.

그 한 예로서 〈그림 70〉에 플루오린(F)에 중양성자를 충돌시켰을 때의 양성자의 각분포가 나타나 있다. 즉 각 각도마다 양성자 수를 측정하여 세로축에 양성자의 수, 가로축에 각도를 기입한 그래프이다.

(d, p)반응과는 반대로 (p, d)반응도 있다. 이 경우에는 입사입자는 양성자이고, 원자핵 부근을 통과할 때 핵 내의 1개의 중성자와 결합하고, 중양성자가 되어 원자핵에서 떨어져 나간

다. 그러므로 픽업반응이라고도 한다. 이 반응 덕분에 표적핵은 중성자를 1개 잃게 된다. 예로서 $^{17}O(p, d)^{16}O$ 등이 있다.

(d, p), (p, d)반응에서는 1개의 핵자가 이동하므로 1핵자이행반응이라고 한다. 이 반응에 분류되는 것으로는 (d, t), (d, ^{3}He) 등이 있다(여기서 t는 삼중수소). (α, d)반응은 2핵자이행반응이며, (α, p), (α, n)반응 등은 3핵자이행반응이라고 한다.

중이온 반응

원자핵의 반응은 지금까지 말한 대로 양성자, 중양성자, 알파입자 등을 원자핵에 충돌시켜 일으키는 반응 이외에, 더 무거운 원자핵을 가속하여 표적핵에 충돌시키는 반응이 최근 활발해졌다. 이 반응은 1954년경에 시작되어 현재는 리튬(Li), 탄소(C), 질소(N), 네온(Ne) 등으로부터 우라늄(U)에까지 이용되게 되었다.

우라늄에서는 36가의 플러스 이온을 쓸 수 있게 되었다. 따라서 표적핵인 핵종과 입사이온의 조합은 매우 다양하며, 현상도 당연히 복잡해져서 지금까지 조사된 것은 그중 극히 일부분에 불과하다. 중이온과 무거운 표적핵 간에는 일반적으로 큰 쿨롱반발력이 작용하므로 이 쿨롱힘의 벽을 넘어서지 못하면 반응은 일어나지 않는다. 그때까지는 쿨롱의 힘에 의한 탄성산란(러더퍼드 산란)이 주된 현상이었다. 그러나 비탄성 산란도 가능해서 입사이온의 운동에너지 일부가 상실되어, 표적핵의 들뜬상태를 만드는 일이 있다. 이것을 쿨롱 들뜸이라고 한다.

양성자도 중성자도 짝수로 존재하는 짝짝핵에서는 2, 4, 6 …… 18 등의 짝수의 스핀 값을 가진 일련의 들뜬상태가 관측된다.

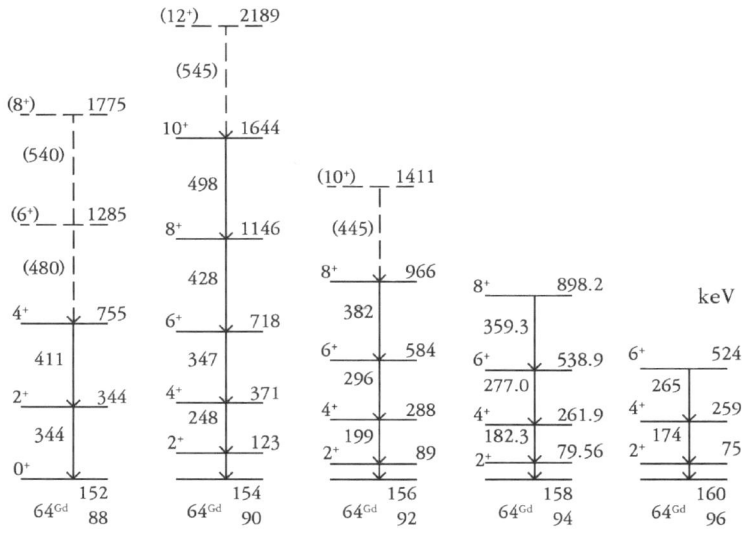

〈그림 71〉 가돌리늄 동위원소의 회전준위

원자핵의 집단운동모형

이와 같은 들뜬상태는 중위 혹은 무거운 쪽의 원자핵에서 흔히 볼 수 있는 것으로 짝짝핵 특징의 하나다. 〈그림 71〉에서는 각 들뜬상태의 좌측에 스핀과 반전성을 표시한다. 이것은 모두 0, 2, 4……로 짝수 값을 취하고 반전성은 양이다. 우측에서는 바닥상태로부터 측정한 에너지를, 세로의 화살표는 감마붕괴를 가리킨다. 감마붕괴는 한 단계마다 붕괴하고, 중간상태를 건너뛰어 단번에 훨씬 아래 준위로 붕괴할 수는 없다. 각 화살표에는 감마선의 에너지(상하 준위의 에너지 차)가 기입되어 있다.

그런데 원자핵이 구형이 아니고 회전타원형으로 되어 있으며, 짧은 축 방향으로 z축을 취하여 그 주위를 회전한다고 생각해 보자. 회전에너지 E는 각운동량 L의 제곱에 비례하고 관성능률 I에 반비례한다.

$$E(회전) = \frac{1}{2I}L^2$$

지금까지 원자핵은 핵자로 이루어졌고 입자적인 성질을 가졌다고 강조해 왔는데, 이번에는 원자핵이 강체처럼 뭉쳐 있고, 집단으로 운동하는 모양을 강조해 보겠다. 고유각운동량(스핀)이 0인 원자핵이 회전하면 허용되는 각운동량의 값은 0, 2, 4, 6……이라는 식으로 짝수에 한정된다.

고전역학에서 L^2이라는 양은 양자역학에서는 $L(L+1)$이라는 값을 취한다는 것이 증명되었으므로 위 식은 원자핵인 경우

$$E(회전) = \frac{1}{2I}L(L+1)$$

이 된다. 따라서 바닥상태의 에너지를 0, 제1 들뜬상태를 E_1로 하면, 제2 들뜬상태는 E_1의 10/3배가 된다. 그리고 높은 들뜬상태가 될수록 준위의 간격이 넓어진다.

〈그림 71〉은 가돌리늄(Ga) 동위원소의 준위도를 보인 것이다. 모두 이 규칙에 대체로 일치된다는 것을 알았을 것이다. 또 제1 들뜬상태의 에너지 값으로부터 원자핵의 관성 능률 I의 값을 알 수 있다.

그래서 원자핵이 강체로서 회전할 때(〈그림 72〉의 위 그림) I값은 최댓값이 예상된다. 회전한다지만 소용돌이가 없는 표면운동이기 때문에 원자핵의 형상이 회전하는 것이라면(〈그림 72〉의 아래 그림) I값은 작아진다. 실측값은 원자핵에 따라 다소 다르지

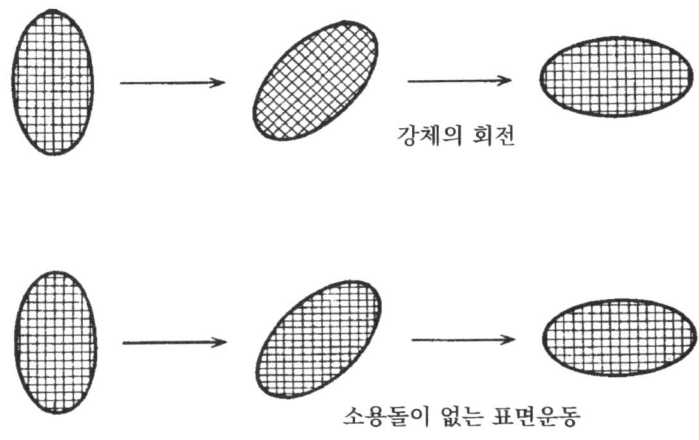

〈그림 72〉 강체의 회전(상)과 소용돌이 없는 표면운동(하)

만 강체로서 계산한 값의 1/2 내지 1/3의 값이 된다.

또 짝짝핵인 원자핵의 들뜬상태가 거의 등간격으로 배열되는 경우가 있다. 스핀, 반전성도 0^+, 2^+, 4^+……로 되는 예가 있다. 이 같은 에너지 준위는 원자핵의 표면이 진동한다고 가정하여 계산했을 때에 나오므로 진동준위라고도 한다. 이것에 대해 회전에 의한 준위의 시리즈를 회전준위라고 한다.

이들의 준위, 즉 원자핵의 들뜬상태는 〈그림 28〉의 경우의 ^{17}O의 준위와는 다르며 원자핵 내의 핵자가 집단운동을 하고 있고, 그 반영으로 나타나는 준위이므로 이 같은 생각을 원자핵의 집단운동모형이라고 부른다.

1952년 코펜하겐의 오게 보어와 모테르슨 두 박사의 공동연구에 의해 이 원자핵의 집단운동모형이 이론화되었다. 또 질량수 A가 홀수인 경우에는 집단운동과 더불어 쌍이 되지 않는 1개 핵자의 껍질모형적인 특징이 남게 되므로 그 양상까지 통일

〈그림 73〉 오게 보어(좌), 모테르슨(중앙), 레인워터(우)

화하려는 시도가 있었다.

또 같은 무렵 콜롬비아 대학의 레인워터 교수도 회전운동에 대해 이론으로 뒷받침했다. 그 후 수년 동안에 이들 이론이 실험적으로 뒷받침되어 1975년도 노벨상이 이 세 박사에게 수여되었다(〈그림 73〉 참조).

이것으로 보어 집안은 아버지 닐스, 아들 오게 2대에 걸쳐 원자핵 연구로 노벨상을 수상하였는데, 3대째인 손자도 물리학을 연구하고 있다는 소문이다.

그런데 원자핵반응 실험은 일본에서도 활발하게 진행되고 있다. 도쿄 대학의 원자핵연구소를 비롯하여 수많은 대학과 연구소에는 총 20개 이상이나 되는 밴더 그래프, 사이클로트론 또는 원자로가 있어 밤낮으로 실험이 계속되고 있어 이 분야의

〈그림 74〉 오사카 대학 핵물리연구센터

기초적 연구에 공헌하고 있다.

오사카(大阪) 대학의 핵물리연구센터에서는 1967년에 새로운 가속기가 완성되어 실험이 궤도에 올랐다. 이 가속기는 AVF사이클로트론이라고 하는 원형가속기인데 양성자와 가벼운 원자핵 이온을 가속할 수 있고, 또 그 에너지를 변화시켜 실험을 할 수 있다는 특징을 가졌다(〈그림 74〉 참조).

그러면 다음은 에너지 문제와 밀접한 관련을 가진 원자핵 분열과 원자핵융합에 대하여 얘기하기로 한다.

7장

핵분열과 핵융합

원자핵의 결합에너지

우선 본론에 들어가기 전에 원자핵의 결합에너지라는 양에 대해 알아보자.

원자핵을 특징짓는 가장 중요한 양의 하나는 원자핵의 질량이다. 고전적으로 고찰하면 Z개의 양성자와 N개의 중성자의 집합체인 원자핵의 질량은 ZM_p+NM_n과 같은 것이다. 여기서 M_p와 M_n은 각각 양성자와 중성자의 질량이다.

그런데 〈표 1〉처럼 각 핵종의 질량이 잘 측정되어 있으므로 ZM_p+NM_n의 값을 실측값과 비교해 보면 실측값 쪽이 반드시 작다. 이 차를 에너지 단위로 나타낸 양을 Z와 N으로 지정된 핵종의 전 결합에너지 $BE_{Z,N}$이라고 한다.

$$BE_{Z,N} = (ZM_p + NM_n - M_{Z,N})c^2$$

여기서 c는 광속을 나타낸다. c^2을 곱하면 질량이 에너지 단위가 된다.

핵종 질량의 실측값 쪽이 반드시 작다는 것은 핵자가 흩어져 있기보다는 핵력으로 서로 끌어당겨 원자핵을 만든 상태가 보다 안정되어 있다는 것, 따라서 에너지가 낮다는 것을 뜻한다. 아인슈타인의 이론에 따르면 에너지와 질량은 동등하므로 원자핵으로 된 쪽이 질량이 적다. 이 경우 앞 식의 값 BE는 양의 값이 된다.

핵분열을 논의할 때는 이 결합에너지가 중요한 요점이 된다. 그리고 같은 결합상태라도 빡빡한 결합 쪽이 느슨한 결합보다 에너지적으로 안정되어 있다. 그래서 실측된 질량으로부터 구한 전 결합에너지를 질량수 A로 나누어 1핵자당의 결합에너지

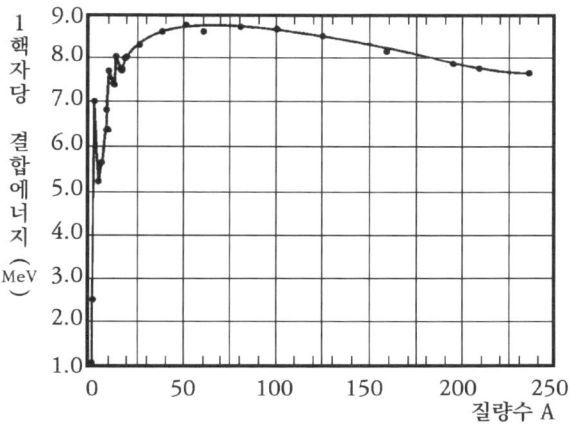

〈그림 75〉 1핵자당의 결합에너지

BE/A를 세로축에 잡고, 가로축에 A를 잡은 그림을 그려보면 〈그림 75〉가 얻어진다.

  이 그림으로 알 수 있듯이 1핵자당의 결합에너지는 대충 8MeV(MeV는 100만 전자볼트)이다. 이 값이 거의 일정하다는 것은 전 결합에너지가 A에 비례하여 증가한다는 것을 말한다. 이것을 핵력의 포화현상이라고 한다.

  이 사실은 핵력 간의 핵력이 근거리밖에 작용하지 않는다는 것을 반영한다고 생각할 수 있다. 원자핵 속에 핵자가 몇 개가 있어도 실제로 힘을 미치는 것은 핵자 바로 곁에 있는 것만으로 성질을 나타낸다. 반대로 A개의 핵자가 전부 상호작용하고 있다면 핵자 간을 잇는 선의 수에 비례한다. 따라서 전 결합에너지는 A^2에 비례할 것이다. 중양성자는 아주 예외적인 핵으로서 1핵자당 결합에너지는 1MeV 정도이므로 다른 핵종에 비하여 아주 느슨하게 결합되어 있다고 말할 수 있다.

그러면 〈그림 75〉를 자세히 관찰해 보자. 무거운 핵종, 예를 들면 우라늄 238에서는 1핵자당 약 7.6MeV이지만, A가 60인(철Fe) 부근에서는 8.6MeV이다. 이것은 철부근의 원자핵은 우라늄 부근의 원자핵보다 더 강하게 결합해 있고, 안정되어 있다는 것을 말한다. 따라서 무거운 핵 1개가 중위의 핵 2개로 분열되면 핵자 1개당 (8.6-7.6)MeV의 에너지가 남아돈다. 전체로서는 (1.0×A)MeV 정도의 에너지가 남아 핵 밖으로 방출된다.

이와 같이 핵 내에 축적된 결합에너지를 밖으로 꺼내어 이용하는 것이 핵분열에 의한 원자핵에너지의 이용이다. 원자핵에너지를 통상 원자력에너지라고 한다.

가벼운 핵은 1핵자당 결합에너지가 작으므로 가벼운 핵 2개를 융합시켜서 무거운 핵 1개로 만들면 원자핵의 에너지를 이용할 수 있다. 이것이 핵융합에 의한 원자핵에너지의 이용이다.

합성에서는 핵융합으로 막대한 에너지가 발생한다. 지상에서도 고온을 만들어 그것을 용기 속에 장시간 보전하는 방법에 의해 핵융합이 가능한데 아직 실용화되지는 않았다.

핵분열

그런데 앞에서 잠깐 말했듯이 한과 슈트라스만은 1938년 천연우라늄에 느린 중성자를 충돌시켰을 때에 생기는 방사성동위원소를 핵화학적으로 조사하여 그 속에 바륨(Ba)의 동위원소가 존재한다는 것을 발견했다. 마이토너 교수와 프리쉬 박사는 이 현상을 92번째의 원소 우라늄이 중성자의 작용으로 56번째의 원소 바륨(Ba)과 36번째의 원소 크립톤(Kr)의 둘로 분열된 것이

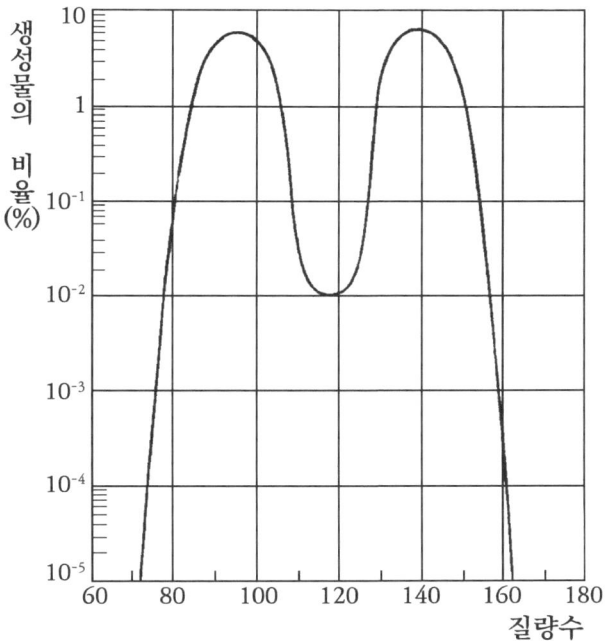

〈그림 76〉 느린 중성자에 의한 ^{235}U의 분열생성물 질량분포

라 해석하여 핵분열이라고 불렀다.

〈그림 75〉로서 알 수 있듯이 1개의 우라늄의 핵분열에 의해 방출되는 에너지는 약 2억 eV가 될 것이다. 보통의 화학반응으로 방출되는 1분자당 에너지가 수 eV인 것과 비교하면 아주 막대한 양이라는 것을 알 수 있다. 장래의 에너지를 생각할 때 원자핵에너지(소위 원자력)가 중요시되는 까닭이 여기에 있다.

그러나 천연우라늄 중에는 0.72%밖에 포함되어 있지 않은 우라늄 235만이 속도가 느린 중성자에 의하여 핵분열을 일으킨다. 그 밖의 99.2%를 차지하는 우라늄 238은 속도가 느린중성자를 조사하여도 핵분열을 일으키지 않는다. 느린중성자는 우라늄 235에 흡수되면 우라늄 236이 되고, 여기에서 나오는 생성물은 〈그림 76〉의 질량분포도에서 보듯이 둘로 똑같이 갈라지는 일은 적고, 다소 한쪽이 무겁고 다른 쪽이 가벼운 경우가 많다.

분열파편은 일반적으로 중성자과잉이 되어 있다. 즉 일정한 Z에 대해 말하면, 안정한 핵종에 대하여 중성자가 과도하게 많다. 그 때문에 불안정하여 몇 번이나 β^-붕괴를 반복함으로써 핵 내의 중성자가 양성자로 바뀌어서 안정핵이 된다. 분열 때는 몇 개의 중성자가 방출된다는 것도 확인되었다.

원자핵의 물방울모형

핵분열현상이 발견된 직후인 1939년 보어와 위러는 이 현상의 메커니즘을 핵의 물방울모형을 이용하여 설명하려고 시도했다. 이것에 따르면 우라늄 235와 중성자가 반응하여 만들어진 우라늄 236의 원자핵은 비압축성 유체이고, 구형으로부터 형상이 변하여 진동한다. 그래서 형상이 바뀐 데서 오는 표면장력과 쿨롱 에너지의 균형이 깨져 〈그림 77〉에 보듯이 회전타원형으로부터 땅콩형이 되어 좌우 부분이 다시 쿨롱의 힘으로 서로 반발하는 상태가 되어 분열이 진행된다.

이 같은 핵분열이 가능한 핵종은 우라늄 234, 우라늄 236, 넵투늄 238, 플루토늄 240 등이다. 토륨 233이나 우라늄 239는 분열조건이 충족되지 않는다. 따라서 천연우라늄 속에 있는 소량의 우라늄 235만이 중성자를 흡수하여 우라늄 236이 되어 분열하지만, 대부분을 차지하는 우라늄 238은 중성자를 흡수해

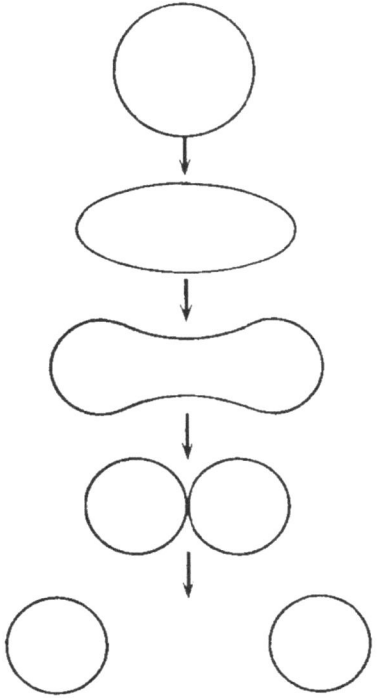

〈그림 77〉 ^{236}U의 변형과 핵분열

서 우라늄 239가 되어도 분열하지 않는다.

연쇄반응과 원자로

원자핵에너지를 정상적으로 꺼내기 위해서는 우라늄 235를 느린 중성자로 분열시키는 반응을 연속적으로 일으키게 해야 한다. 공교롭게도 이 핵분열 때에 평균 2개 반 정도의 중성자가 방출되므로 이 중성자를 다음 우라늄 235의 원자핵에 충돌시킴으로써 핵분열을 반복하여 일으킬 수 있다. 이렇게 차례로

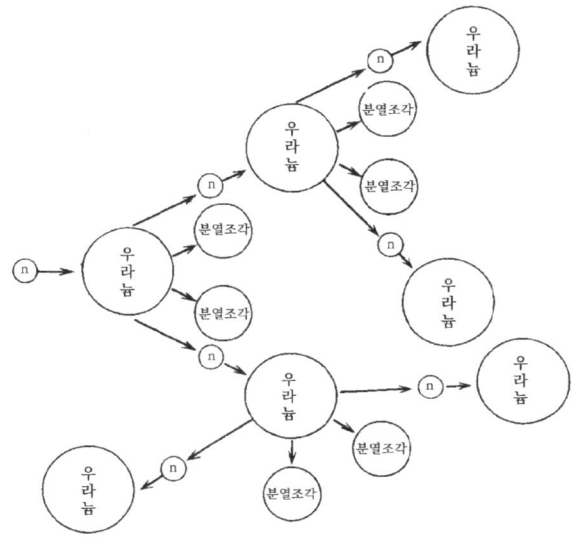

〈그림 78〉 연쇄반응

잇달아 핵분열이 일어나는 것을 연쇄반응이라고 한다.

〈그림 78〉은 1개의 핵분열 때에 2개씩 중성자가 방출되는 연쇄반응이다. 이렇게 되면 기하급수적으로 핵분열이 확대되어 진행되므로 원자 폭탄이 되어버린다.

원자핵에너지를 평화적으로 이용하기 위해서는 반응을 제어할 필요가 있다. 한 번의 핵분열에서 발생하는 중성자 2개 중 1개만을 다음번 핵분열에 쓰고, 다른 1개를 흡수시킬 수 있으면 일정한 연쇄반응을 일으킬 수 있고 또 안정된 에너지를 얻을 수 있다. 이 같은 장치를 원자로라고 한다.

우라늄 235를 효율 좋게 핵분열을 일으키기 위해서는 속도가 느린 중성자가 필요하다. 속도가 빠르면 중성자가 핵 내 핵자와 상호작용을 하는 시간이 적기 때문에 억류되어 핵 내로

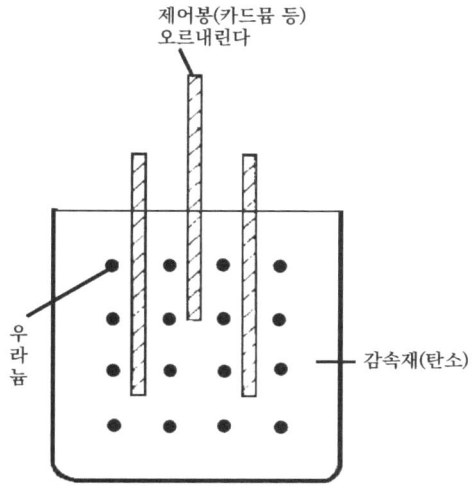

〈그림 79〉 우라늄을 사용한 원자로

흡수되는 확률이 감소한다. 핵분열에 의해서 나오는 중성자는 속도가 너무 느리기 때문에 감속시켜야 한다.

이 때문에 물이나 중수 또는 탄소 등을 원자로에 넣어 중성자를 이들 물질과 충돌시키는 것을 반복함으로써 운동에너지를 상실하고, 느린 중성자가 되도록 설계되어 있다(〈그림 79〉 참조).

꿈의 증식로

원자로 속에서 우라늄 238은 어떤 확률로 중성자를 흡수하므로 우라늄 239가 얻어진다. 이 핵종은 23분의 반감기가 지나면 베타붕괴를 하여 넵투늄 239가 되고, 다시 2·3일의 반감기가 지나면 베타붕괴를 하여 플루토늄 239가 된다. 이 플루토늄 239는 알파방사능을 가지고 있는데, 그 반감기는 2만 4000

년이므로 거의 안정된 원자핵이라고 생각해도 된다. 플루토늄 239의 핵종은 중성자를 흡수하면 핵분열을 한다. 따라서 만약 써버린 우라늄 235보다 많은 플루토늄 239를 생산할 수 있으면 원자력 에너지를 꺼내면서 다시 다음 연료를 생산할 수 있게 되어 에너지 문제도 함께 해결할 수 있게 된다. 이런 형의 원자로를 증식로라고 한다.

실제 이 같은 아이디어로 미국에서는 실험을 하고 있다. 아이다호 주의 사막에 있는 아르곤느국립연구소 지소에서는 실험용증식로가 건설되었으며, 1953년 6월에는 이미 실험소 내의 전등용 전력을 발전할 수 있었다. 그리고 현재까지 약 20여 년 동안이나 운전을 계속하고 있다. 이 원자로에서는 농축한 우라늄 235를 우라늄 238의 금속판으로 둘러싼 형식을 사용하고 있다.

이 연구소의 원자로는 얼핏 보기에 안전하게 20여 년 동안이나 운전되어 왔고, 에너지 문제 해결에 서광을 던져주고 있는 듯이 보이지만 실은 현재까지도 아직 공업화되지 못하고 있다. 그 까닭은 플루토늄 239가 극히 유독한 물질이고, 또 반감기 2만 4000년이란 인간의 역사로 본다면 거의 영구적인 수명을 가진 방사성물질이기 때문에 취급을 극히 신중하게 해야 하고, 그 안전장치와 안전조업 등을 위해 아직 채산을 맞출 수 없기 때문이라고 한다.

일본에서도 이 종류의 원자로 연구가 처음으로 도카이 무라(東海村)의 원자력연구소에서 착수되었다. 그리고 이 연구에 이어 동력로·핵연료개발사업단은 이바라키(茨城)현 오아라이(大洗) 마치에 총액 255억 엔(당시 한화로 약 500억 원 이상)을 들여 고속증식형 원자로를 건설하여 임계실험이 머지않아 있을 예정이다.

이 「조요(常陽)」라는 별명으로 불리는 원자로는 총출력이 5만 kW인데, 실험로이므로 전기는 만들지 않고 장래의 증식형발전로를 위한 여러 가지 시험을 하는 것을 목적으로 하고 있다. 또 동력로·핵연료개발사업단에서는 이 실험로에 이어 전기출력 30만 kW의 고속증식로 「몬주(文珠)」를 후쿠이현 쓰루가시에 건설하기로 하였다.

증식로는 핵연료를 유효하게 쓸 수 있으므로 흔히 「꿈의 원자로」라고 불린다. 현재의 발전용 원자로로는 앞으로 30년이면 고갈된다고 하는 우라늄 자원도 수십 세기는 지탱한다고 한다.

핵융합

핵융합이란 매우 가벼운 원자핵 몇 개가 반응하여 무거운 원자핵이 되는 것을 말한다. 그때 전보다 강하게 결합하기 때문에 여분의 에너지가 외계에 방출된다. 이것을 이용하면 핵분열 때와 마찬가지로 새로운 에너지원으로서 사용할 수 있다.

항성이나 태양 속에서는 이 같은 핵융합반응이 일어나고 있다. 이때 발생하는 열의 대표적인 것이 태양열이므로 우리들은 한없는 혜택을 지상에서 받고 있다. 또 핵융합 과정은 원소의 진화라는 관점에서도 주목되고 있다. 그것은 최초에 양성자만의 항성이라도 핵융합 과정에서 헬륨(He), 리튬(Li), 베릴륨(Be), 붕소(B)란 차례로 원자번호가 큰 원소가 만들어지기 때문이다.

여기서 이 반응의 최초 부분만을 적어 본다.

$$^1_1H + ^1_1H \rightarrow ^2_1D + e^+ + \nu \quad (^2_1D\text{는 중수소로서} ^2_1H\text{로도 적는다})$$

$$^1_1H + ^2_1D \rightarrow ^3_2He + \gamma$$

$$^3_2He + ^3_2He \rightarrow ^4_2He + 2^1_1H$$

$$^3_2He + ^4_2He \rightarrow ^7_4Be + \gamma$$

$$^7_4Be + e^- \rightarrow ^1_3Li + \nu$$

$$^1_3Li + ^1_1H \rightarrow 2^4_2He$$

$$^7_4Be + ^1_1H \rightarrow ^8_5B + \gamma$$

$$^8_5B \rightarrow ^8_4Be^* + e^+ + \nu$$

$$^8_4Be^* \rightarrow 2^4_2He$$

etc.

이 같은 반응이 태양 속에서 실제로 일어나고 있다는 것은 태양으로부터 지구로 쏟아지는 중성미자를 포획하는 실험에 의해 확인되었다.

핵융합로

그런데 지상에서 수소로부터 헬륨을 만드는 과정이 가능하게 된다면 이것은 지상에 태양이 생긴 것이 된다. 그러나 기술상 이 같은 일은 현재로는 성공하지 못하고 있다. 가장 효율이 좋다고 생각되는 핵융합반응은

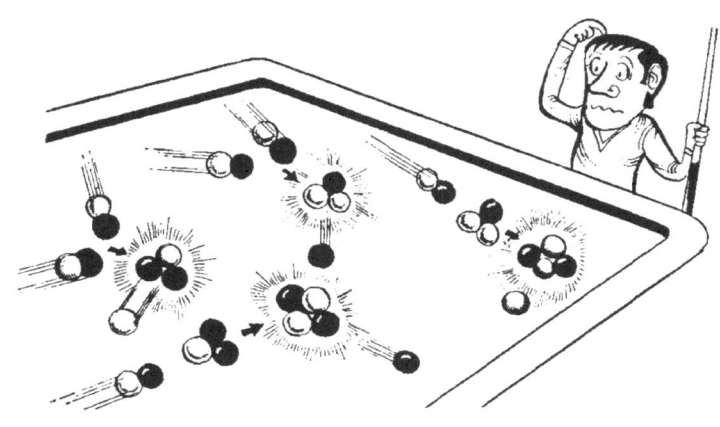

$$^2_1D + ^2_1D \rightarrow ^3_2He + ^1_0n + 3.27 MeV$$

$$^2_1D + ^2_1D \rightarrow ^3_1T + ^1_1H + 4.03 MeV$$

이다. ^3_1T는 삼중수소로서 ^3_1H라고도 적는다. 지구 위에서는 물이 풍부하게 존재하며, 물 H_2O 속에는 중수 D_2O가 0.017% 있으므로 이것에서 중수소 D를 꺼내 연료로 사용하면 거의 영구적으로 에너지원에는 부족이 없을 것이다.

가장 편리한 연료는 리튬이라는 원소에 원자로에서 나오는 중성자를 조사해서 만드는 삼중수소 ^3_1T라는 동위원소이다.

$$^6_3Li + ^1_0n \rightarrow ^3_1T + ^4_2He$$

이 삼중수소를 중수소와 조합해서 핵융합반응을 일으키면

$$^2D + ^3_1T \rightarrow ^4_2He + ^1_0n + 17.58 MeV$$

라는 다량의 에너지가 얻어진다.

이 같은 중수소, 삼중수소를 사용한 핵융합반응에서는 연료 또는 반응 후의 생성물 중에서 삼중수소만이 방사능을 가지고 있어 베타붕괴를 한다.

$${}^{3}_{1}T \rightarrow {}^{3}_{2}He + e^- + \nu$$

그러나 핵분열을 이용하는 원자로가 핵분열생성물 또는 플루토늄 등 종류가 많고 다량의 방사성물질을 포함하는 것과 비교하면 이 핵융합반응의 방사능 준위는 대단히 낮아 오염 문제가 해결될 가능성을 가지고 있다.

중수소를 바닷물에서 얻고, 삼중수소도 바닷물 속에 포함되어 있는 리튬을 이용하게 되므로 핵융합로가 완성되기만 하면 사면이 바다로 에워싸인 일본에서는 연료 문제는 모두 해결될 수 있을 것이다.

그러나 안심하기에는 아직 이르다. 핵융합로는 전 세계의 연구자들이 온갖 슬기를 송두리째 기울이고 있는데도 아직 성공하지 못하고 있다. 이 분야의 지도적 학자들의 말에 따르면 금세기 중에 완성될 가능성은 희박하다고 한다. 그 난점을 살피기 위해 이 반응 기구를 좀 더 자세히 설명해 본다.

그런데 중수소와 삼중수소의 원자핵이 접근하면 핵자 간의 핵력에 의해 복합핵이 만들어지고, 다시 분리해서 헬륨과 중성자가 되어 버린다. 이 중성자를 리튬에 조사해서 삼중수소를 만들면 연료로서의 삼중수소를 간단하게 보급할 수 있게 된다.

중수소와 삼중수소는 충분히 접근하면 핵력을 빌어 둘이 반응하는데 핵력은 근접력이므로 아주 가깝게 접근할 때만 효력이 있다. 조금 떨어진 곳에서는 중수소, 삼중수소의 원자핵의

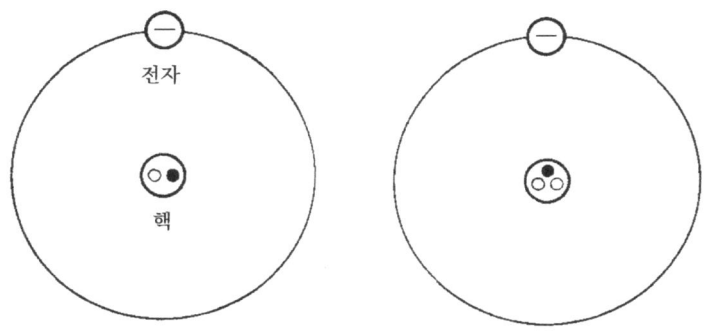

〈그림 80〉 중수소(좌), 삼중수소(우)의 원자

플러스전하로 서로 반발하여 좀처럼 결합하지 않는다. 이 쿨롱의 반발력을 이겨 핵융합반응을 일으키는 데는 외부로부터 에너지를 가해서 중수소와 삼중수소를 가속하여 둘이 충돌하게 해 주어야 한다.

이 외부로부터 가하는 에너지는 대체로 1만 eV 정도면 된다고 한다. 중수소인 경우, 속도로 고치면 매초 700㎞ 정도이다. 그런데 중수소도 삼중수소도 보통은 중성인 원자 상태이다. 즉 원자핵 주위에 1개의 전자가 궤도운동을 하고 있다(〈그림 80〉 참조). 중수소핵을 1만 eV로 가속하기 위해서는 1만 eV의 전압을 걸면 되는데 중성인 원자에는 전압이 걸리지 않는다. 전자를 벗긴 속의 심, 즉 원자핵은 플러스전하를 가지고 있으므로 가속된다. 그래서 중수소를 이온화해서 플러스의 원자핵만을 모아두고 전압을 걸어 삼중수소에 조사한다.

이 가속된 중양성자(중수소핵)를 삼중수소에 입사하면 삼중수소의 바깥쪽을 돌고 있는 궤도전자와 먼저 충돌하므로 모처럼의 에너지가 상실되고 만다. 그것을 피하기 위해서는 삼중수소

원자 쪽도 이온화해 원자핵과 궤도전자를 갈라놓아야 한다.
 이 목적을 달성하기 위해서는 중수소, 삼중수소의 혼합기체를 가열한다. 온도가 1만 도 정도 되면 빛이 나온다(이하 온도는 섭씨로 나타낸다). 이것은 원자 또는 분자가 다른 원자 또는 분자와 충돌하여 속에 있는 전자가 에너지를 받아들여 들뜨게 된 다음에 에너지를 방출(전자는 들뜨지 않은 상태로 되돌아가고)해서 빛으로 나타내는 것이다.

플라즈마

 혼합기체를 더욱 가열하여 15만 도 정도로 만들면 전자가 원자로부터 분리된다. 기체는 전자, 중양성자, 삼중양성자(삼중수소핵)의 혼합가스가 된다. 중양성자, 삼중양성자는 양전하를 가지고 있고, 이온이라고 불린다. 전자는 물론 음전하를 가지고 있다. 이 혼합기체를 플라즈마라고 한다.
 플라즈마의 온도가 1억 도쯤 되면 이온의 운동은 맹렬해지고 속도도 늘기 때문에 에너지가 1만 eV가 되고 핵이 서로 충돌해서 핵융합반응이 일어난다.
 1억 도라는 고온은 태양의 중심부보다도 높은 온도이다. 태양은 1500만 도 내지 2000만 도 정도로 생각된다. 지상에서는 이와 같은 초고온은 이론적으로는 가능하다. 그것은 플라즈마는 전류가 통하므로 자기장을 사용하여 플라즈마를 가두어 넣을 수 있기 때문이다.
 그래서 핵융합 연구는 이 플라즈마를 가두어 넣는 것과 초고온을 유지하는데 달렸다. 현재의 장치로서 가능한 온도는 3000만 도로서 지속시간이 1,000분의 1초 정도인데, 현재 5000만도를 3분이 1초 지속시키는 계획도 진행되는 것으로 알고 있다.

이 분야의 연구는 고액의 비용을 필요로 하기 때문에 미국 및 러시아에서는 국가적인 규모의 계획이 진행되고 있다.

일본에서도 도카이 무라의 원자력연구소, 나고야(名古屋) 대학의 플라즈마연구소, 쿄토(京都), 오사카(大阪)의 각 대학마다 대형실험설비가 설치되어 있다. 또 세계적으로도 뛰어난 업적이 니시가와(西川恭治), 요시가와(吉川左一) 두 박사를 비롯한 일본의 학자들에 의해 발표되고 있다.

도카이 무라의 원자력연구소에서는 「JFT2」라는 실험장치를 사용하여 플라즈마의 가열이나 밀폐실험을 하고 있는데, 현재로는 310만 도까지 올리는 데에 성공하였다. 이것은 플라즈마 중의 원자핵에 전지적으로 중성인 수소원자를 가속해서 충돌시키는 방법에 의한 것인데, 이 연구소가 1980년대 전반에 건설 예정으로 있는 세계 최대급의 임계플라즈마 실험장치「JT60」은 계획대로 고온을 달성할 수 있을 것으로 기대된다.

8장

에키조틱 아톰과 하이퍼핵

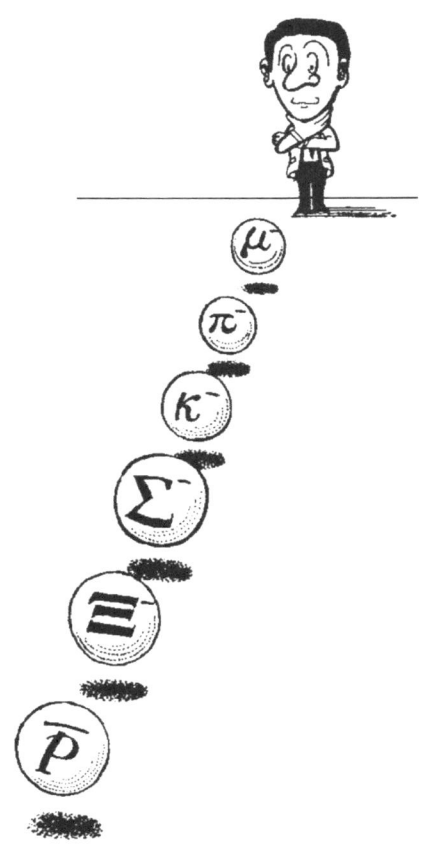

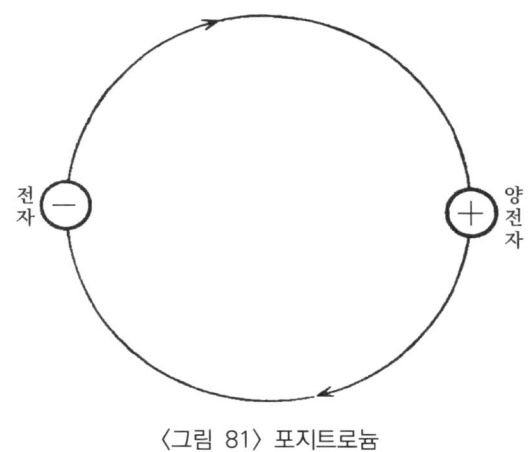

〈그림 81〉 포지트로늄

포지트로늄과 뮤오늄

이 장에서는 전자와 핵자로 구성된 원자, 또는 핵자만의 원자핵이라는 좁은 범위에 구애되지 않고 좀 더 일반적인 원자 및 원자핵을 생각해 보기로 한다.

원자는 중심에 Ze의 정전하를 띤 원자핵이 있고, 그 주위를 음의 단위전하를 띤 전자 Z개가 갖가지 궤도로 돈다. 그런데 이 같은 원자를 원자번호순으로 배열하면 원소의 주기율표가 된다. 그러면 Z가 0번째인 원자는 무엇일까. 이것은 중성자에 해당하며 궤도전자는 없다.

그래서 제일 간단한 수소원자의 경우를 생각해 보자. 전자는 중심에 있는 양성자에 의해 쿨롱의 인력을 받으면서 정상적인 상태가 된다는 양자역학에서 나온 답을 그림으로 그려 보면 궤도전자가 주위를 도는 모양이 얻어진다. 여기서 필요한 조건은 쿨롱의 인력뿐이다. 따라서 어떤 소립자이든 플러스와 마이너

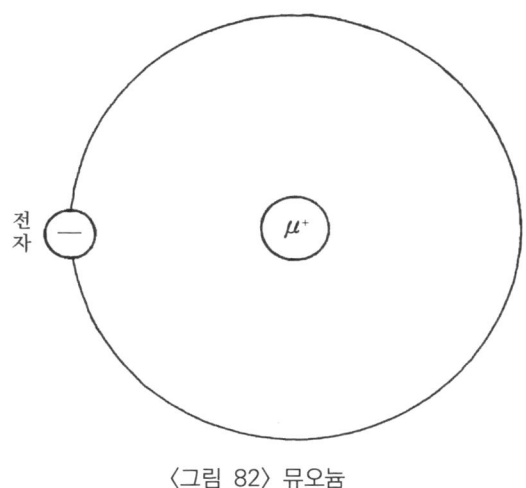

〈그림 82〉 뮤오늄

스의 전하를 띠고 있고, 쿨롱의 인력으로 속박상태를 만들면 수소원자와 마찬가지로 궤도운동을 할 것으로 기대된다. 이 같은 물리계를 모두 원자(아톰)라고 부른다.

이 같은 첫 번째 예는 전자와 양전자의 쌍인데 양성자 대신이 될 양전자가 가볍기 때문에 두 입자 간의 중심(重心)을 중심으로 하여 두 입자가 모두 원운동을 한다. 이것을 포지트로늄이라고 한다(〈그림 81〉 참조). 이 원자는 구성입자가 서로 반입자이므로 일정 시간 후에 반응하여 소멸되고 그 대신 2개 또는 3개의 감마선으로 되어버린다. 포지트로늄은 수명이 100만 분의 1초 정도이다.

다음으로 간단한 아톰은 양전하를 가진 뮤입자와 음전자의 쌍이다. 유입자는 전자의 206배나 무겁기 때문에 중심에는 뮤입자가 존재하고, 전자가 궤도운동을 하는 구조로 되어 있다. 이것을 뮤오늄이라고 한다(〈그림 82〉 참조). 뮤입자와 전자는 별도의 것이므로 반응하여 소멸되지 않는다. 그러나 뮤입자는 수명이 약 100만 분의 2초이므로 한쪽을 없애버린 뮤오늄도 같은 수명을 가진다.

뮤오늄은 수소원자와 극히 흡사한 성질을 가지고 있으며 전자의 궤도 반지름도 약 0.5옹스트롬(1억 분의 0.5㎝: Å)으로 보통의 수소원자와 거의 같다. 수소원자의 약 9분의 1의 무게밖에 안 되므로 화학적인 활성이 아주 강하고 결합하기 쉬운 특성이 있다. 그리고 수명이 길기 때문에 단시간에 변화하는 화학 과정을 상세하게 조사하기가 편리하여 화학 연구에 이용된다.

현재 원자핵으로 사용되는 플러스의 전기를 띤 소립자는 이들 경입자 이외는 없다.

포지트로늄 또는 뮤오늄은 도모나가(朝永) 박사의 양자전자역학 이론을 뒷받침하기 위해 실험되고 있으며 전자의 전하, 질량, 자기능률 등 정밀도가 높은 수치가 해마다 발표되고 있다.

에키조틱 아톰

원자에서 궤도전자를 대신하는 음전하를 갖는 소립자로서는 μ^-, π^-, K^-, Σ^-, Ξ^-, $\bar{p}$(반양성자) 등이 존재한다. 이들 입자가 양성자의 주위, 또는 일반적으로 원자핵 주위를 회전하는 예는 많이 보고되었다. 이들을 에키조틱 아톰이라고 부른다.

또 각 소립자의 이름을 따서 뮤오닉 아톰(μ^-의 경우), 파이오닉 아톰(π^-의 경우), 케이오닉 아톰(K^-의 경우)이라고도 하는 일도 있다. 음전하를 가진 소립자는 특유한 수명을 가지므로 에키조틱 아톰도 역시 각각 수명이 다르다.

8장 에키조틱 아톰과 하이퍼핵   175

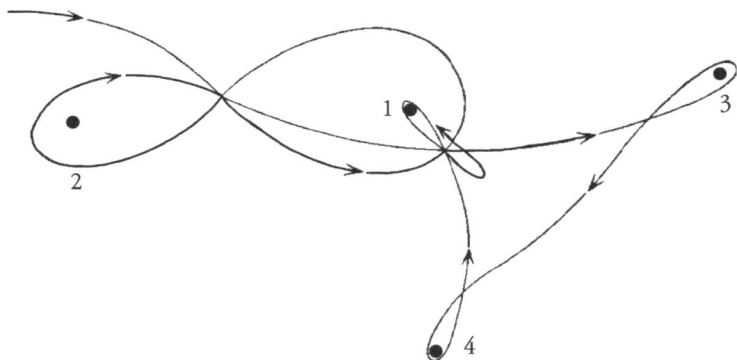

〈그림 83〉 뮤입자가 왼쪽에서 날아오면 첫째 핵 주위를 일주하고, 다음에 둘째, 셋째, 넷째 번 핵을 한 바퀴씩 돈다. 끝으로 첫째 핵으로 되돌아와 이 핵에 포획된다

뮤오닉 아톰

그래서 이 에키조틱 아톰 중에서도 오래전부터 연구되고 있는 뮤입자를 포함한 뮤오닉 아톰(뮤입자원자)을 예로 들어 이야기를 진행하겠다.

음전하를 띤 뮤입자는 물질 속을 통과할 때 전자나 원자핵과 충돌하여 운동에너지를 상실한다. 그리고 나서 정지되면 원자핵의 전하에 끌린다. 그리고 원자핵의 안쪽에서 바깥쪽으로 향해서 대체로 14 내지 15번째의 궤도에 들어가 그 궤도를 회전한다.

이 궤도에 들어가는 기구는 아주 복잡하고 또 흥미 있는 문제이다. 뮤입자를 포획하려는 원자의 배열과 물질의 성질도 특징적이다. 뮤입자는 어떤 원자핵 주위를 회전하다가 갑자기 다른 원자핵으로 이동하여 회전한다. 이 둘째 번 원자핵을 회전하다가는 다시 셋째 번 원자핵으로 이동하는 것을 반복한다.

〈그림 84〉 뮤입자가 특정 핵에 정착하기까지의 모습

그리고 최종적으로 어떤 원자핵에 안정된다.

그 한 예를 〈그림 83〉에서 확인할 수 있다. 마지막 원자핵에 안정될 때까지 〈그림 84〉처럼 운동을 계속한다. 그 후 안정된 궤도로 이동하고, 최종적으로는 최근접 궤도까지 천이한다는 것이 이론이나 실험적 연구로 밝혀졌다.

뮤입자가 14 내지 15번째의 궤도에 포획되면, 이번에는 차례차례로 내부 궤도로 이동한다. 이것은 바깥쪽에 있을수록 쿨롱의 힘이 약하고, 또한 그 때문에 결합력이 약하므로 에너지적으로는 높은 상태에 있기 때문이다. 그리고 내부, 즉 원자핵에 가까운 궤도일수록 에너지가 낮고 안정된 상태가 된다. 뮤입자는 주된 궤도를 한 단계씩 내려간다. 극히 드물게는 몇 단계를 건너뛰어 이동하는 일도 있다.

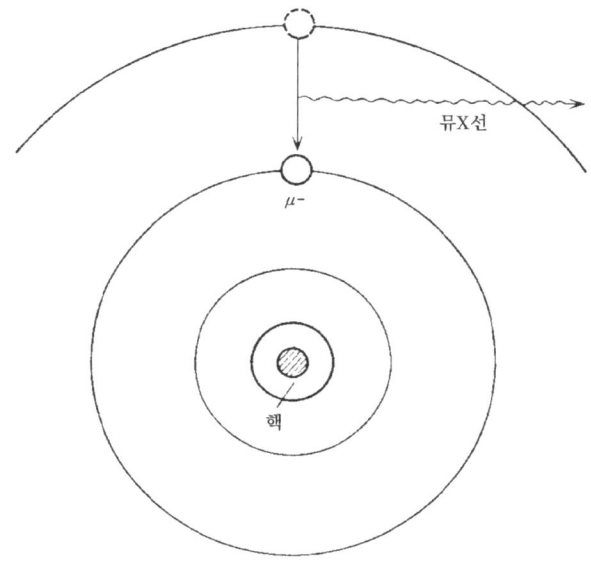

<그림 85> 뮤오닉 아톰과 뮤X선

이 이동 때 궤도에너지의 차에 해당하는 에너지는 X선 형태로 외계에 방출된다. 이것을 뮤입자X선 또는 뮤X선이라고 한다(<그림 85> 참조). 뮤X선방출기구는 일반적인 원자 궤도전자의 천이에 의한 X선 복사의 경우와 꼭 같다. 그러나 뮤X선 에너지는 일반적으로 보통 X선의 에너지보다 크다.

뮤X선

뮤X선의 에너지와 강도는 핵종마다 관여하는 궤도에 따라 다르므로 뮤X선의 측정으로부터 핵종을 결정할 수 있다. 제일 중요한 결과는 원자핵의 형상, 특히 전하분포를 잘 알 수 있게 되는 일이다.

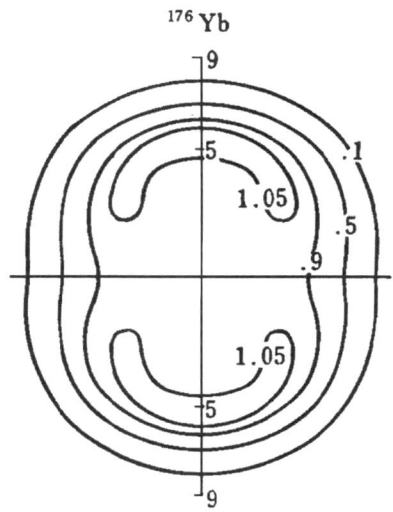

〈그림 86〉 이테르븀 176의 전하분포(평균 밀도를
1로 하고 0.1, 0.5, 0.9, 1.05의 등밀도선
을 나타냈다)

〈그림 86〉에 가장 최근의 데이터로서 이테르븀 176의 경우의 전하분포를 보였다. 여기에 보인 것처럼 전하는 거의 균일하게 원자핵에 분포되어 있으나 핵표면 부근에서는 급격히 밀도가 감소하여 원자핵 껍질을 형성한다. 또 중심부에는 다소 전하밀도가 높고 낮은 곳이 있다. 원자핵 모양은 이 원소 가까이에서는 회전타원체로 변형되는 것이 많은 듯하다. 원자핵에는 전하의 분포뿐만 아니고 막대자석의 분포도 있다. 막대자석의 세기가 반드시 같지 않다는 것을 최근에 알게 되었다.

X선은 궤도전자의 경우에도 관측된다. X선으로부터 원자핵의 형태를 안다는 것은 상당히 어려우나 뮤X선으로부터는 잘 알 수 있다. 왜 그런지 설명하겠다.

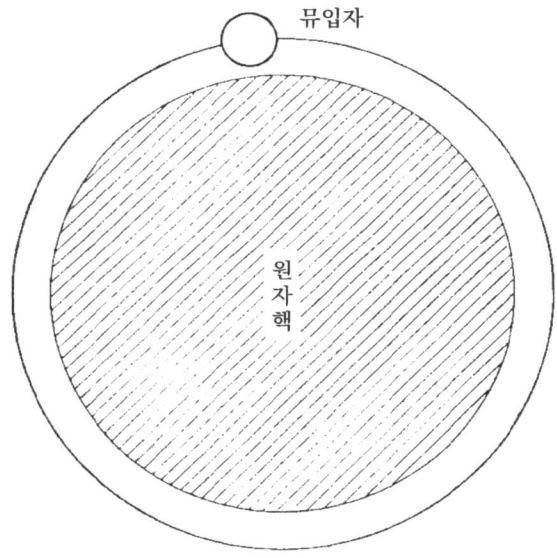

〈그림 87〉 뮤입자는 원자핵의 인공위성이다

 그러려면 궤도 반지름을 비교해보면 잘 알 수 있다. 궤도 입자는 원심력과 쿨롱의 힘으로 균형이 잡히므로 무거운 입자는 훨씬 반지름이 짧아진다. 반지름은 질량에 반비례하므로 뮤입자의 반지름은 전자의 206분의 1이다. 최저궤도(핵과 최근접 궤도)의 반지름은 전자의 경우 0.5옹스트롬을 다시 Z로 나눈 수가 된다. 뮤입자의 경우에는 이것을 다시 206으로 나눈 수가 된다. 이것에 대해 원자핵의 반지름은 $1.2 \times A1/3 \times 10^{-13}$㎝이다.
 그러므로 중위의 핵, 이를테면 Z가 50이고 A가 125 정도인 핵에서는 핵 반지름과 궤도 반지름은 거의 같다. 인공위성이 지구의 가까운 표면을 돌면서 지표의 작은 변화, 공장이나 군사시설까지 관측하고 있듯이 뮤입자가 원자핵에 매우 가까이 회전하면서 원자핵 표면의 모든 정보를 파악하여 그것을 전파로 우리에게 알려주는 것이 뮤입자X선이다(〈그림 87〉 참조).

납 원자핵의 경우 뮤입자의 궤도 반지름이 원자핵 반지름보다 훨씬 작아 핵 내에서 회전한다. 그러나 이것은 간단한 계산이므로 실제는 좀 더 보정해야 하는데, 뮤입자가 납의 원자핵을 잘 조사한다는 점에 대해서는 변함이 없다.

그런데 제일 바깥쪽 궤도로부터 원자핵에 제일 가까운 안쪽 궤도까지 이동하는 데 필요한 전 소요시간은 100억 분의 1초나 1000억 분의 1초 정도에 지나지 않는다. 제일 낮은 궤도에서 회전하는 뮤입자는 최종적으로는 그 수명이 다하여 자연붕괴를 하거나

$$\mu^- \to e^- + \bar{\nu}_e + \nu_\mu$$

또는 원자핵 속으로 흡수되고 만다.

$$\mu^- + (A, Z) \to (A, Z-1) + \nu_\mu$$

원자핵에 의한 뮤입자포획

나중의 반응을 원자핵에 의한 뮤입자 포획이라고 한다. 이 반응은 약한 상호작용에 바탕을 둔 반응이다. 또 베타붕괴의 일종인 궤도전자의 포획

$$e^- + (A, Z) \to (A, Z-1) + \nu_e$$

라는 과정과 꼭 같다. 이러한 점을 종합하여 고찰하면 뮤입자와 전자가 똑같은 성질을 가진다는 것이 확인될 것이다.

뮤입자포획 과정은 원자핵의 구조에 뚜렷이 의존되므로 원자핵을 연구하기에 도움이 된다. 또 약한 상호작용 자체의 성질을 조사하는 데도 편리한 반응이다. 가장 간단한 반응은 양성자에 의한 흡수이다.

$$\mu^- + p \rightarrow n + \nu_\mu$$

또 좀 더 복잡한 원자핵에 의한 흡수에 대해서는

$$\mu^- + {}^{12}_{6}C \rightarrow {}^{12}_{5}B + \nu_\mu$$

등의 반응이 잘 알려져 있다. ^{12}B의 상태는 불안정하므로 전자를 내고 베타붕괴하여 본래의 ^{12}C의 바닥상태로 되돌아간다. 실험에서는 이 전자를 포획하여 뮤입자포획이 일어난다는 것을 확인할 수 있다.

파이오닉 아톰

에키조틱 아톰은 이 밖에도 여러 가지가 있으며 파이중간자를 가진 파이오닉 아톰과 Σ^-, Ξ^-, $\bar{p}$ 등의 소립자를 가진 바리오닉 아톰이 있다. 이들 에키조틱 아톰의 경우에도 뮤입자 원자 때와 마찬가지로 각각의 X선이 상세히 측정되고 있다.

이들 X선으로부터 원자핵의 형상, 전하, 자기분포 또는 음의 소립자 자체의 자기능률(막대자석의 세기)이 측정되었다. 그 밖에 이들 입자는 뮤입자와는 달리 핵자와 강하게 상호작용하는 성질이 있기 때문에 최근접 궤도 또는 그 바로 앞의 궤도에 있을 때 원자핵 표면과의 상호작용이 강해 원자핵에 흡수되어 버린다. 그러한 사정을 잘 관찰하면 원자핵의 질량분포의 형상을 알 수 있다.

전자기적인 분포는 반드시 중성자분포를 나타내는 것은 아니므로 뮤X선과는 독립적으로 파이X선 등으로 중성자의 분포를 조사해 보면, 중성자 쪽이 훨씬 수가 많은데도 분포반경은 양성자와 거의 같다는 결론이 나온다.

파이오닉 아톰에서도 파이중간자의 일부는 자연붕괴하지만 마지막에는 원자핵에 흡수된다. 그 경우 가벼운 핵에서는

$$\pi^- + {}^{12}C \to {}^{11}B + n, {}^{10}B + n + n, etc.$$

$$\pi^- + {}^{16}O \to {}^{16}N + n, {}^{15}N + n + n, etc.$$

와 같은 반응이 일어난다. 파이중간자의 질량 1억 4000만 eV가 소멸하고 그에 상당하는 운동에너지가 발생하기 때문에 원자핵이 폭발하여 핵은 몇 개의 작은 핵과 핵자로 변한다.

이것을 이용하면 암의 치료가 가능하다고 하여 최근 중간자 물리학의 응용면에 크게 각광을 받고 있다. 이 이야기는 다음 장에서 다시 얘기하기로 하고, 여기서는 또 하나의 에키조틱한 원자핵에 대한 정리를 하겠다.

하이퍼핵

에키조틱 아톰을 공부하는 김에 에키조틱한 원자핵을 소개해 둔다. 원자핵의 구성요소는 지금까지 되풀이한 대로 양성자와 중성자로 성립되었고 파이중간자는 핵자 간을 날아다니지만 에너지 관계상 눈에 보이는 형태로 존재하지 않고 핵자 간의 핵력이라는 형태로 끼어 있다. 이것을 가상적인 존재라고 한다. 이를테면 버추얼(virtual)한 존재이다. 그러므로 원자핵의 질량

을 측정해 보면 대충 핵자의 질량의 합과 같은 값을 얻을 수 있다.

에키조틱한 원자핵은 핵 내에 하이페론이 실존하는 원자핵을 말한다. 이 원자핵의 질량은 핵자군의 질량과 하이페론의 질량의 합과 대충 같다. 원자핵의 구성요소로서 하이페론이 존재하기 위해서는 하이페론이 핵자와 인력으로 결합되어야 하므로 결합에너지만큼 총계보다 가벼워진다.

이 종류의 원자핵은 가벼운 핵에서 발견되고, 하이페론으로서는 보통 람다입자가 관측된다. 하이페론은 주로 1개인 경우가 많은데 람다입자 2개가 들어 있는 예도 드물게 발견된다.

왜냐하면 하이페론은 수명이 대체로 100억 분의 1초 정도밖에 안 되고 람다입자를 생산하는 자체가 까다로운 일이기 때문이다. 이 같은 에키조틱한 원자핵을 하이퍼핵(초원자핵)이라고 한다. 하이퍼핵은 안에 들어 있는 람다입자가 죽어 버리면 보통의 원자핵이 된다.

그렇다면 어떻게 하이퍼핵은 람다입자를 핵 속으로 들어가게 할까. 람다입자는 바깥에서 만들어지지 않고 핵 내 입자를 원료로 하여 케이중간자 K를 써서 핵 내에서 생산된다. 케이중간자가 궤도운동을 하는 에케조틱 아톰(케이오닉 아톰)에서 케이중간자가 최근접 궤도로 이동하면 원자핵과 케이중간자의 거리는 지극히 근접해 있어, 예를 들면 탄소의 경우에는 핵반지름의 약 3배까지 접근한다. 이것에 비하여 보통 원자에서는 전자가 핵반지름의 약 3,000배나 떨어져 있다. 그러므로 케이중간자는 원자핵과의 상호작용이 강해져 핵 내로 흡수된다.

케이중간자는 기묘도가 -1뿐인데 이것이 입자의 하나로 이동하여 람다입자가 핵 내에 발생한다. 케이중간자의 질량은 약 5억eV의 에너지에 상당한다. 원자핵 내에 이 에너지가 생기면 원자핵은 크게 동요해서 원자핵은 2개 또는 그 이상의 파편으로 분열해 버린다. 이 파편 중 람다입자가 실려 있는 것이 하이퍼핵이다. 그래서 하이퍼핵을 가리켜 하이페론분열조각이라고 하는 일도 있다.

기묘도 교환반응

보통의 원자핵 ^4He에 케이중간자가 흡수될 때에는 다음과 같이 람다입자를 포함한 삼중양성자 $^3_\Lambda H$가 만들어진다.

$$K^- + {}^4He \rightarrow {}^3_\Lambda H + {}^1H + \pi$$

$^3_\Lambda H$의 원자핵에는 양성자, 중성자, 람다입자가 각 1개씩 들어 있다. 그런데 이같이 람다원자핵을 만드는 반응은 기묘도를 케이중간자로부터 핵자로 이동시키는 반응이므로 기묘도 교환반응

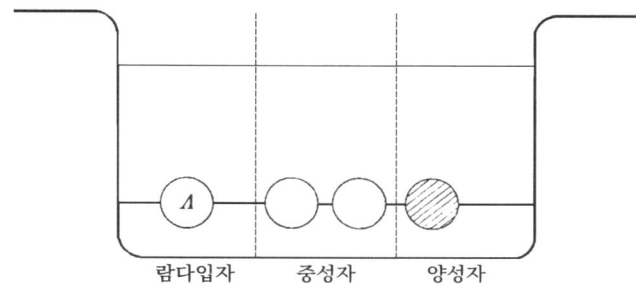

〈그림 88〉 람다 4중양성자 $^{3}_{\Lambda}H$

이라고 부른다. 영어로는 Strangeness Exchange Reaction, 통상 SEX라고 한다. 국제회의에 나가면 SEX가 중요하다는 말이 자주 나와서 어리둥절했었는데 대단히 중요한 반응이라는 것을 알 수 있다.

람다원자핵에서는 보통의 중성자, 양성자만으로 만든 원자핵으로는 만들 수 없을 만한 무거운 원자핵을 만들어낼 수 있다. 핵자만이라면 수소원자핵은 양성자, 중성자, 삼중양성자까지이다. 삼중양성자는 불안정하며, 반감기 12년으로 베타붕괴를 하여 헬륨 3이 된다. 그리고 사중양성자는 없다. 그러나 중성자 대신 람다입자 1개를 포함한 람다사중양성자는 원자핵으로서 존재한다.

그 이유를 이해하려면 핵자 아파트를 다시 한 번 알아볼 필요가 있다. 〈그림 28〉에서는 이 아파트의 맨 아래층의 정원은 양성자, 중성자 각 2방밖에 없고 양성자, 중성자 어느 쪽도 2개밖에 들어가지 못했다. 그래서 사중양성자를 만들려고 하면 3개의 중성자 중 1개는 2층으로 올라가야 한다. 작은 원자핵에서는 우물 깊이가 얕기 때문에 2층에 있는 중성자는 우물 바깥으로 넘쳐 원자핵에 머물러 있을 수 없게 된다. 그러므로 사중양성자는 없다.

람다입자는 기묘도를 가지고 있으므로 핵자와 구별하여 손님으로의 대우를 해야 한다. 그래서 여분의 방을 만드는 것이 가능하다(〈그림 88〉 참조). 이 방은 맨 아래층이며 역시 두 방이므로 2개까지 허용된다. 따라서 $_\Lambda^4 H$는 가능하다.

이 같은 정원 증가를 생각하면 보통의 핵에는 ^5He가 존재하지 않지만 $_\Lambda^5 He$는 가능하다. ^5He에서는 3개째의 중성자가 있어 1개는 아파트의 2층방으로 가야 하기 때문에 가벼운 핵으로서는 불안정하다. 그러나 $_\Lambda^5 He$는 전원 1층에 있으므로 핵으로서 존재할 수 있다. 그러나 람다입자에는 수명이 있으므로 영구히 존재하는 것은 아니다.

람다입자는 핵 외에 있을 때는 평균수명이 40억 분의 1초로서

$$\Lambda \rightarrow p + \pi^- \text{ 또는 } n + \pi^0$$

와 같이 핵자와 파이중간자의 쌍으로 붕괴한다. 40억 분의 1초라는 것은 인간의 수명에 비하면 아주 짧지만 대부분의 소립자와 비교하면 1000억 배나 긴 것이다. 그래서 이 붕괴를 일으키는 상호작용은 약한 상호작용으로 분류된다. 이 상호작용의 특징은 기묘도가 변화하는 것이다.

람다입자는 기묘도가 -1, 핵자와 파이중간자의 기묘도는 0이라는 점에 주의하기 바란다. 반응하는 물리계의 기묘도 합계는 약한 상호작용에서는 보존되지 않는다. 이것에 반하여, 람다원자핵을 만들 때의 상호작용은 강한 상호작용으로서 반응 전후에 기묘도의 총량은 일정하다. 그러므로 SEX가 일어나지 않을

수 없다.

원자핵 내에서는 핵자와 람다입자 사이에 약한 상호작용이 작용한다. 따라서 람다입자는 다음과 같은 과정으로 핵자로 변한다.

$$\Lambda + p \to n + p$$
$$\Lambda + n \to n + n$$

여기서도 기묘도는 보존되지 않는 것에 주의하기 바란다.

결국 하이퍼핵 내의 람다입자는 앞에 적은 두 방법에 의하여 소멸되고, 그 평균수명은 대체로 100억 분의 1초 정도가 된다.

하이퍼핵의 붕괴

하이퍼핵의 붕괴 방법은 몇 가지 채널로 나눠진다. 사중양성자의 경우

$$\begin{aligned} {}^{4}_{\Lambda}H &\to {}^{4}_{2}He + \pi^- \\ &\to {}^{1}_{1}H + {}^{3}_{1}H + \pi^- \\ &\to {}^{2}_{1}H + {}^{2}_{1}H + \pi^- \\ &\to {}^{1}_{0}n + {}^{3}_{2}He + \pi^- \end{aligned}$$

가 있다. 파이중간자를 내지 않는 붕괴는 ${}^{8}_{\Lambda}Be$에서 볼 수 있다.

$$^{8}_{\Lambda}Be \to {}^{3}_{2}He + {}^{4}_{2}He + {}^{1}_{0}n$$

${}^{8}_{\Lambda}Be$도 또한 파이중간자를 내는 채널로 붕괴한다.

현재 무거운 하이퍼핵으로서는 산소람다핵까지 발견되었다. 그 예로는 ${}^{17}_{\Lambda}O$ 등이 있다. 람다입자가 2개 들어가 있는 하이

퍼핵으로 $^{6}_{\Lambda\Lambda}He$나 $^{10}_{\Lambda\Lambda}Be$가 발견되었다. $^{6}_{\Lambda\Lambda}He$는 탄소에 Ξ^{-}입자를 흡수시켜 만든다.

$$\Xi^{-} + ^{12}_{6}C \rightarrow ^{6}_{\Lambda\Lambda}He + ^{7}_{3}Li$$

그 붕괴는 다음과 같은 경과를 밟는다.

$$^{6}_{\Lambda\Lambda}He \rightarrow ^{5}_{\Lambda}He + ^{1}_{1}H + \pi^{-}$$

$$^{5}_{\Lambda\Lambda}He \rightarrow ^{4}_{2}He + ^{1}_{1}H + \pi^{-}$$

람다원자핵은 탄소와 산소 등에서는 바닥상태만이 아니고 들뜬상태도 발견된다. 그래서 보통 원자핵과 마찬가지로 람다입자의 방 배당까지 고려한 원자핵의 껍질모형이 연구되었다.

9장
소립자핵 반응

파이중간자 생산

지금까지 우리는 원자핵의 반응에서는 주로 핵자와 원자핵만이 관여하는 현상을 다루어왔다. 이 밖에 감마선, 전자, 중성미자 등이 관여하는 경우를 논의해 왔다.

그러나 입사입자가 가지고 들어오는 에너지가 높아지면 당연히 앞에 적은 이외의 소립자가 발생할 가능성이 생긴다. 그리고 그것들을 혼합한 원자핵반응이 관측되고 있다.

원자핵으로서 제일 간단한 것은 양성자이므로 양성자를 표적으로 하여 가속한 양성자를 이 표적양성자에 충돌시켜 본다. 에너지가 낮은 동안은 러더퍼드산란(쿨롱의 힘에 의한 산란)과 핵력에 의한 산란밖에 없지만 에너지가 점점 높아지면 먼저 파이중간자가 발생한다. 그리고 이 파이중간자가 발생하기 직전의 에너지를 문턱 값이라고 한다(〈그림 89〉 참조). 문턱 값은 π^+로서 2억 9200만 eV이다.

$$p + p \rightarrow p + p + \pi^0$$

$$p + p \rightarrow p + n + \pi^+$$

또 가속된 양성자를 중성자에 충돌시켜도 파이중간자가 만들어진다. 중성자는 단독으로 존재할 수는 없지만, 중양성자 속에서는 양성자와 중성자가 느슨하게 결합되므로 고속으로 날아온 양성자에는 중양성자로는 보이지 않고 흡사 양성자 1개, 중성자 1개가 따로따로 표적으로 놓인 것 같이 느껴진다. 그래서 양성자 부분의 작용을 무시하면 중성자만의 표적이 놓였을 때의 충돌 확률을 알게 된다.

이 반응에는

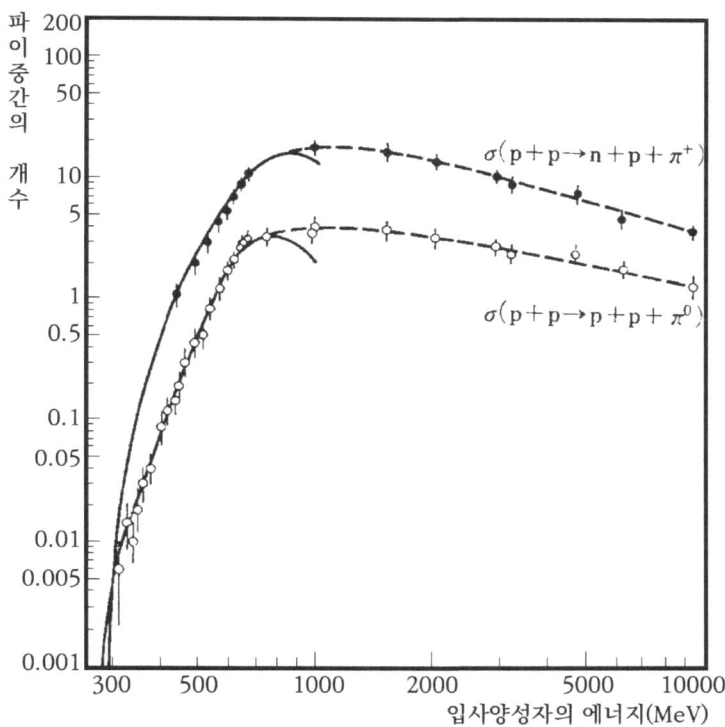

〈그림 89〉 양성자와 양성자 충돌에 의한 파이중간자의 생성. 입사에너지가 높아지면 파이중간자의 생성량도 증가한다

$$p + n \rightarrow p + p + \pi^-$$
$$\rightarrow p + n + \pi^0$$
$$\rightarrow n + n + \pi^+$$

가 있다. 중양성자 이외의 핵종도 각각 핵 내에 중성자, 양성자를 포함하며, 파이중간자를 생산하기 위한 표적으로서 사용된다. 일반 핵종을 표적으로 할 경우 A개의 핵자가 각각 표적핵으로서 존재한다고 생각한 이론과 대체로 일치한다.

양성자 또는 중양성자를 표적으로 가속양성자를 충돌시키는 반응에는 이외에도

$$p + p \rightarrow d + \pi^+$$

$$p + n \rightarrow d + \pi^0$$

$$p + d \rightarrow {}^3H + \pi^+$$

$$p + d \rightarrow {}^3He + \pi^0$$

등이 있다. 여기서 d는 중양성자이다.

람다입자와 세타입자의 쌍창생

이같이 생산된 파이중간자 중 하전파이중간자 π^+, π^-는 수명이 1억 분의 2초 정도로 뮤입자로 붕괴한다.

$$\pi^+ \rightarrow \mu^+ + \nu_\mu$$

$$\pi^- \rightarrow \mu^- + \bar{\nu}_\mu$$

또 이것과 빈도가 1만 분의 1로 적지만

$$\pi^+ \rightarrow e^+ + \nu_e$$

$$\pi^- \rightarrow e^- + \bar{\nu}_e$$

라는 붕괴도 있다는 것이 확인되었다.

중성파이중간자는 하전파이중간자와는 달라

$$\pi^0 \rightarrow \gamma + \gamma \text{ 또는 } e^- + e^+$$

로 붕괴하고, 그 수명은 1경 분의 2초(2×10^{-16}초) 정도로 짧다.

이렇게 하여 하전파이중간자의 붕괴에 의해 탄생된 뮤입자는 다시 100분의 2초의 수명으로 전자와 중성미자로 붕괴한다.

$$\mu^+ \to e^+ + \nu_e + \bar{\nu}_\mu$$

$$\mu^- \to e^- + \bar{\nu}_e + \nu_\mu$$

파이중간자는 1947년 라테스, 오키아리니, 파웰 등에 의해 우주선 속에 $\pi \to \mu \to e$의 연속붕괴 과정이 사진건판용 에멀젼이라는 감광성(感光性) 젤라틴질의 물질 속에서 발견되었다. 그 직후 미국의 버클레이에서 인공적으로 사이클로트론으로 만들어졌다.

다시 1947년에 바틀러가 우주선의 안개상자 사진을 찍던 중에 V자형 또는 Λ(람다)형의 비적을 발견하였다. 이것은 중성인 입자가 2개의 하전입자로 붕괴하는 것을 뜻한다. 그 때문에 이들은 V입자라고 불렸다. 람다입자는 그 일종이다.

이 경우의 특징은 2개의 람다 Λ자형 비적이 동일한 사진에서 볼 수 있는 경우가 많다는 것이다. 자기장을 걸면 하전입자의 비적이 휘므로 붕괴하여 생긴 딸입자의 성질을 조사할 수 있다. 그리고 이 반응은 먼저 정지한 양성자에 마이너스의 파이중간자가 충돌하고, 2개의 중성입자가 발생한다. 한쪽을 람다입자(Λ), 한쪽을 세타입자(θ^0)라고 이름 붙였다.

$$\pi^- + p \to \Lambda + \theta^0$$

이들 입자는 조금 날은 다음에 각각 2개의 하전입자로 붕괴하므로 사진에는 Λ형의 비적이 두 군데에 보이는 것이다.

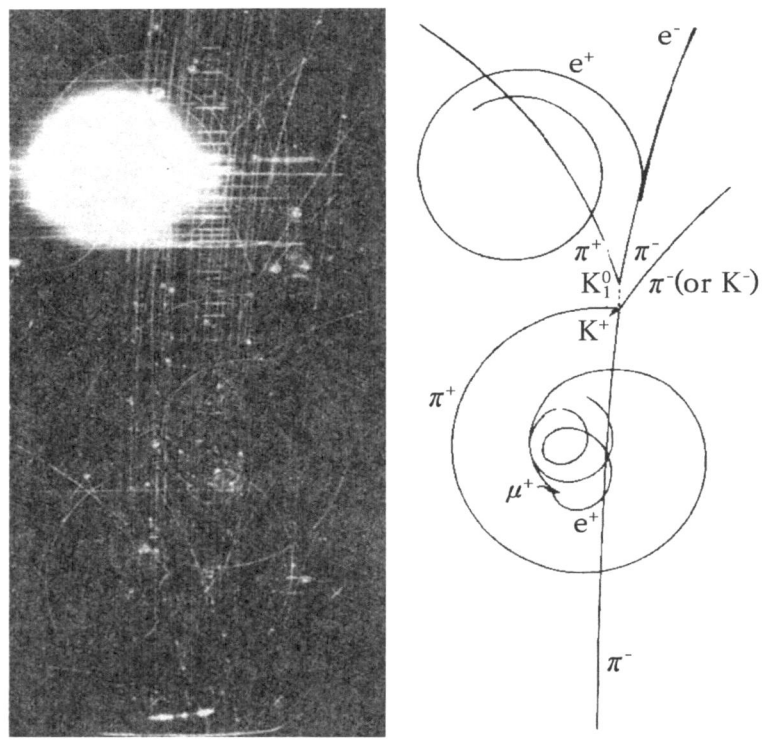

〈그림 90〉 거품상자의 일례

$$\Lambda \to p + \pi^-$$

$$\theta^0 \to \pi^+ + \pi^-$$

다시 1949년 파웰들은 3개의 파이중간자로 붕괴하는 입자를 발견하고 타우입자(τ)라고 이름 붙였다.

$$\tau^\pm \to \pi^\pm + \pi^+ + \pi^-$$

1953년에는 미국이 블룩헤이븐국립연구소의 가속기 코스모트론이 완성되어 가동을 시작했기 때문에 새 입자가 속속 만들어지게 되었다.

또 1952년에는 그레이저가 거품상자를 발명하여 소립자를 포함하는 반응의 측정에 위력을 발휘했다. 이 장치는 액체프로판이나 수소의 압력을 순간적으로 줄여서 거품이 나오기 쉬운 상태로 만들면 통과하는 입자의 비적에 따라 거품이 생기는 것을 이용한다.

거품상자 사진

거품상자 사진의 한 예를 보였다. 블룩헤이븐연구소장 골드허버 박사의 호의에 의해 얻은 사진인데, 여러 가지 입자가 한 장의 사진에 찍힌 예이다(〈그림 90〉 참조).

이 연구소에는 지름 2m의 액체수소를 채운 큰 거품상자가 있다. 이것을 사용하여 60억 eV로 가속된 음의 파이 π^- 중간자를 충돌시켰을 때의 반응이다. π^-는 거품상자 속의 양성자와 충돌하여 플러스의 케이중간자 K^+, 중성케이중간자 K_1^0(사진에는 찍히지 않아 점선으로 표시하였다), 마이너스의 파이중간자 π^-, 중성자(중성이므로 찍히지 않는다)가 발생한다.

$$\pi^- + p \rightarrow K^+ + K_1^0 + \pi^- + n$$

이 중 K^+는 곧 플러스와 중성인 파이중간자(π^+, π^0는 사진에 찍히지 않는다)로 붕괴한다.

$$K^+ \rightarrow \pi^+ + \pi^0$$

이 π^+는 먼저 뮤입자 μ^+로, 다음 양전자 e^+로 붕괴한다.

$$\pi^+ \to \mu^+ + \nu_\mu, \ \mu^+ \to e^+ + \bar{\nu}_\mu$$

K^0는 파이중간자 2개로 붕괴한다.

$$K_1^0 \to \pi^+ + \pi^-$$

또 중성파이중간자 π^0는 광양자 2개로 붕괴한다. 광양자는 사진에는 찍히지 않았으나, 그중 1개는 전자와 양전자의 쌍을 창생하므로 사진에 찍혔다.

$$\pi^0 \to \gamma + \gamma, \ \gamma \to e^- + e^+$$

이상의 각 반응이 한 장의 필름에 찍힌 귀중한 사진이다.

파이중간자 조사에 의한 암 치료

원자핵을 이용한 암의 치료는 종래부터 잘 알려져 있고 암세포를 방사선조사로 태워 없애는 일이 시도되고 있다. 우리가 인공방사능을 가진 동위원소를 아직 제조할 수 없었던 시대에는 라듐을 광석에서 분리함으로써 천연방사성원소를 얻었으므로 대단히 힘이 들어 전 세계에서 수 그램 정도의 라듐밖에 없었다. 이들 방사성원소로부터 방사되는 알파, 베타, 감마의 각 방사선에 의한 조사 치료를 받을 수 있는 것은 극히 한정된 사람이었다.

그러나 인공적으로 방사성물질을 얻게 된 1950년대부터 자유로이 방사성의 선원이 얻어지기 때문에 현재는 보통 어느 병원에서도 코발트 60에서 발생하는 감마선을 치료에 사용하고

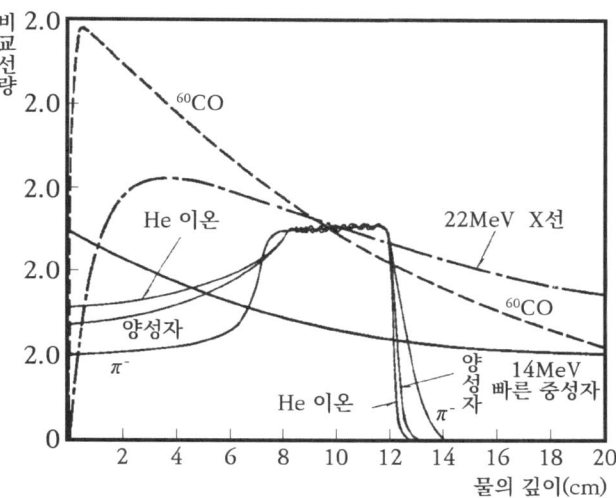

〈그림 91〉 방사선의 에너지 손실과 물질(물)의 심도와의 상관

있다.

그러나 이 감마선에 의한 방사성원소 치료에는 몇 가지 결점도 알려져 있으므로 그것에 대해 말하겠다.

그러려면 먼저 방사성을 조사하면 어째서 암세포가 죽느냐 하는 것부터 말해야 하겠지만, 이 기구는 충분히 해명되어 있지 못해 언급하지 않기로 한다(암세포를 구성하는 고분자의 일부가 방사선에 의해 절단되어 증식하지 않게 된다는 설과 방사선에 의해 절단되어 증식하지 않게 된다는 설과 방사선의 전리작용 때문에 암세포 또는 암세포 주변의 환경이 변화해서 암세포 증식이 중단된다는 설 등이 유력하다고 한다).

현상론적으로 보면 암 치료를 위해서는 암세포 부분에 방사선이 가급적 다량의 에너지를 주는 것이 좋다는 것을 실험적으로 알고 있다. 그래서 이 같은 양을 정량화하기 위해 방사선이 단위통과거리마다 상실하는 에너지, 즉 통과물질에 주는 에너지를 측정한다.

〈그림 91〉에 따르면 감마선의 경우 에너지의 유실량은 물질 속을 통과하는 처음 부분에서 많고, 나중일수록 적어진다는 성질이 있다. 환부가 피부표면에 있는 경우는 문제가 없지만, 심부에 있을 경우에는 환부에 충분한 양의 에너지를 주입하기 위해서 피부표면 부근에 상당량의 에너지를 주게 되어 정상조직을 태워 손상되게 한다. 그것을 피하려면 절개해서 직접 조사하는 수도 있으나 조사할 때마다 반복하여 절개하는 것은 불가능하다.

한편 파이중간자일 경우는 물질의 입사거리에 불구하고 단위거리당의 에너지 손실이 일정한데 멎는 순간에 갑자기 에너지 손실이 증대한다. 또 얼마만큼 진행해서 멎는가 하는 비행거리에 대해서는 처음의 파이중간자의 속도(또는 에너지라고 해도 좋다)에 따라 결정된다. 따라서 특정 에너지의 파이중간자를 자석으로 골라내면 암이 발생하고 있는 곳에서 멎도록 조정이 가능하며, 조사한 암세포 부분에 가장 효율적으로 에너지를 줄 수 있다. 이같이 파이중간자에 의한 방법은 정상적인 조직을 비교적 적게 손상시킨다.

마이너스의 전하를 가진 파이중간자는 파이오닉 아톰항에서 말한 대로 정지하면 원자핵의 쿨롱힘의 영향을 받아 궤도에 포획된 상태가 된다. 그리고 바깥쪽 궤도를 도는 것보다 안쪽을 도는 편이 쉬우므로 차례차례로 에너지가 낮은 궤도로 이동하면서 X선을 방사한다. 이 방사선도 물론 암 치료에 이용된다.

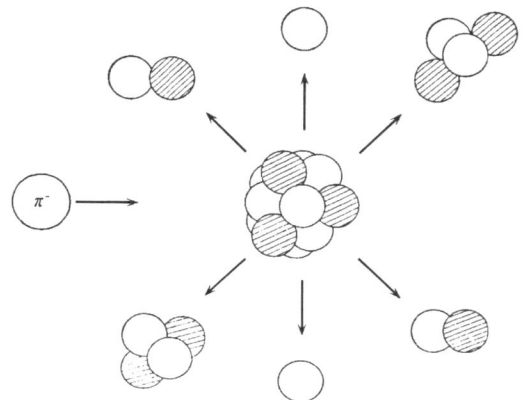

〈그림 92〉 파이중간자 흡수에 의한 원자핵 폭발

그런데 파이중간자는 최저궤도 또는 그 하나 앞의 궤도에 도달하면 원자핵 표면과 극히 가까워지므로 파이중간자와 원자핵 표면의 핵자가 강하게 상호작용한다. 그리고 최종적으로 파이중간자는 전자핵에 흡수되어 버린다.

이 흡수 때 파이중간자의 질량 1억 4000만 eV가 전부 에너지가 되므로 원자핵은 이 에너지를 받아 핵 내로부터 양성자, 중성자, 중양자, 알파입자 등 원자핵의 성분요소를 방출해서 보다 안정된 상태로 이행한다. 경우에 따라서 원자핵은 산산조각으로 파괴되는 일이 있다. 이 같은 현상은 초소형 원자폭탄이라고도 할 수 있다(〈그림 92〉 참조).

이 에너지는 방출된 입자에 운동에너지로서 주어지며 또 원자핵의 들뜬 에너지로 변화한다. 이들 입자는 반지름 1㎜에서 정지하므로 입자의 운동에너지는 암세포를 파괴한다.

이 밖에도 파이중간자는 감마선조사보다 암 치료에 유리한 조건이 몇 가지 있다. 이를테면 동일량의 방사선을 몇 번에 나누어 조사한 경우, 첫 번째와 두 번째 사이에 암조직이 재생할 가능성이 있다. 치료 때에는 정상조직의 회복을 기다려 다음번 조사를 하기 위해 분할조사가 필요한데 암도 일부분 재생된다. 감마선은 이 같은 불편이 수반되지만 파이중간자 조사에서는 이런 암조직 재생화가 없다.

또 감마선조사의 경우 암조직을 파괴하는 데 필요하는 선량과 같은 양의 정상조직을 파괴하는 데 필요하는 선량의 비는 3이다. 이에 대해 파이중간자 조사의 경우는 그 비가 2이다. 즉 파이중간자 쪽이 보다 효율적이고, 또 정상조직의 손상을 가급적 적게 유지하면서 암조직을 제거할 수 있다는 것이다.

중이온조사에 의한 암 치료

파이중간자 외에 중이온도 또한 암 치료에 사용된다. 중이온이란 원자핵 자체 또는 원자핵 주위에 Z보다 적은 수의 궤도전자가 회전하는 상태이다. 화학적으로 말하면 중성원자를 전리해서, 몇 개의 궤도전자를 제거한 무거운 양이온이다. 이 이온을 가속한 중이온 빔을 암에 조사하면 암을 치료할 수 있다. 감마선과 비교한 이점은 파이중간자의 경우와 흡사하다. 그러나 파이중간자처럼 원자핵을 흡수해 X선을 내거나 원자핵을 파괴하는 스타현상(소형원폭현상)은 없다.

중이온 빔은 가늘게 접속되므로 중이온을 X선 대신으로 쓴 사진은 찍을 수 없다. 따라서 중이온 빔으로 사진을 보면서 암의 위치를 확인하고, 극히 작은 지름 1㎜ 정도의 암까지 조사 치료하는 것이 가능하다. 중이온 빔에 의한 사진은 뼈의 밀도의 농도까지도 분명하게 나타나므로 그 방면의 진단에도 크게 도움이 될 것이다.

이에 비해 파이중간자조사는 수 밀리미터 이상의 암의 치료에 적합하다.

일본에서는 원자핵연구소의 차기 계획으로서 뉴마트론이라는 대형 중이온가속기 계획이 있는데, 아직 기초연구 단계이지만 빔 이용의 한 예로서 암 치료를 들고 있다. 파이중간자 조사에 의한 암 치료와 비교하여 상보적인 면도 있다는 것은 충분히 검토할 필요가 있다고 생각된다.

의료용 파이중간자 생산시설

이상 말한 대로 여러 가지 장점이 있는 데도 불구하고 파이중간자 조사에 의한 암 치료는 극히 최근까지 실용화되지 못했었다. 그 이유는 충분한 강도를 가진 파이중간자 빔을 발생하는 가속기가 없었기 때문이다. 물론 파이중간자를 내는 가속기는 많다. 암 치료를 위한 기초적인 실험은 이미 과거 약 10년간 실시되어 왔고 충분한 강도를 갖지 못하는 파이중간자 빔을 조직표본에 조사함으로써 데이터를 축적하고 있다.

이 데이터와 감마선조사에 의한 치료의 실적을 비교하고 이점을 들어 파이중간자에 의한 암 치료를 추진해야 한다는 움직임이 미국의 물리학자, 의사를 중심으로 일어나고 있다. 일본 의사들 중에도 이 분야의 선구적인 연구를 하고 있는 사람들이 있다고 들었다.

1976년 5월에 유가와(湯川秀樹) 박사의 초빙으로 일본에 온 미국 로스 알라모스연구소의 중간자실험소장 로젠 박사는 그 중심적인 인물이라고 할 수 있다.

〈그림 93〉 로스 알라모스의 파이중간자 생산 공장

이 실험소에서는 파이중간자를 위한 거대한 양성자가속기를 200억 엔(당시 한화 약 400억 원 이상)의 거액과 많은 시간을 들여 건설하여 1973년에는 파이중간자 빔을 발생시키는 데 성공했다(양성자를 구리, 철, 알루미늄 등의 물질에 조사하면 파이중간자가 발생한다. 〈그림93〉 참조). 그 후 정비를 거듭하여 1976년 6월에는 의료에 필요한 빔과 강도와 음전하를 가진 파이중간자가 매초 1000만 개 정도 얻어지게 되었다고 한다.

의료에 대해서는 뉴멕시코 대학 암연구소의 클리거맨 교수와 협력하여 치료를 하고 있다.

그러나 이 파이중간자 생산공장(파이온팩트리)은 물리학, 공학, 생물학, 의학 등의 분야에 걸친 다목적을 위하여 건설된 가속기이므로 암 치료의 기초연구 이상의 이용법은 기대할 수 없다. 그 때문에 암치료 전용의 실용적 파이중간자 생산시설의 건설이 요망된다. 이 시설을 위해 로젠 박사들의 계획에 따르면 가속기는 아래와 같은 규모여야 한다.

이 가속기에서는 0.1㎃의 양성자빔을 5억 eV까지 가속하여 표적에 조사함으로써 파이중간자 빔을 발생시킨다. 이 기계의 본체는 선형가속기로서 150m라는 소형으로 억제하고 설계와 기초연구에 3년, 건설 기간을 3년으로 잡아 1982년에 완성할 것을 목표로 초년도 계획을 실시했다.

그런데 완성된 시점에서의 미국 국내의 암환자 중 방사선 조사치료를 필요로 하는 사람은 연간 약 60만 명, 이 대부분은 종래의 감마선조사 등에 의한 치료로서도 충분하며, 특히 중증의 파이중간자 조사치료를 필요로 하는 사람은 약 5만 명으로 추정된다. 이 경우에 앞의 의료용 소형 파이중간자 생산시설을 24시간 운전한다고 해도 10대가 필요하다는 계산이 나온다. 미국 정부와의 교섭이 이루어져 현재 이 계획은 실시 단계에 들어섰다. 참고로 이 병원용 소형 파이중간자 발생장치는 1대당 1000만 달러(당시 한화 약 50억 원 이상)로 예산되고 있으며, 가동치료를 위한 요원은 기술자, 사무원, 의사를 포함하여 1대당 30명이라고 한다.

포젠 박사의 말에 따르면 미국은 이 장치 10대를 주요 도시에 배치할 예정이며 스위스, 프랑스도 각각 1대씩 예약하였다고 한다. 특히 연구의 국제협력을 도모하여 완성까지에는 기술자나 의사들의 훈련을 위해 로스 알라모스에서의 연구 참가를 환영하고 있다. 일본에도 참가권고가 있어 몇 명의 연구원이 파견될 것이라고 들었다.

10장
자연법칙의 불변성과 그 붕괴

물리학에서의 대칭성

지금까지 원자핵의 구조나 원자핵 반응에 대해 수많은 현상과 이론을 소개해 왔다. 이 같은 연구는 결국 대체 무엇이었느냐 하는 문제에 대해 생각해 보자.

잘 알려진 구체적인 목적은 원자력을 에너지원으로서 이용하는 것이다. 혹은 방사성동위원소의 의료, 농업, 공업에의 응용 등이 있을 것이다. 또 최근에 갑자기 주목되기 시작한 파이중간자의 암 치료 응용 등도 들 수 있다.

이들 응용에는 원자핵의 기초적인 지식을 모르면 효과적으로 사용할 수 없다. 방사능 때문에 위험까지 따른다. 핵종에 따라서는 수만 년에 걸쳐 방사능을 복사할 가능성을 가진 것도 있다. 여기에 원자핵의 기본적 지식이 요구되는 까닭이 있다. 그리고 나아가서 원자핵구조와 원자핵반응의 기구를 해명함으로써 원자력 에너지와 방사능을 인류가 자유로이 조절할 수 있는 날이 올 것으로 기대한다.

이같이 응용 면을 목적으로 한 원자핵 연구의 방향과 아울러 자연의 구조 자체를 조사하기 위한 원자핵 연구가 있다. 이 방면의 연구는 지금 직접적인 응용 면을 갖지 않지만 물리학 자체에 의의가 있으므로 어느 때인가는 일상생활과 관여된 문제가 발생할지 모른다. 이 장에서는 원자핵 연구의 지극히 중요하나 그다지 보편적이지 않은 면에 대해 소개한다.

원자핵에 관한 현상은 연구해 가면 필연적으로 원자핵의 구성요소인 핵자와 그 밖의 소립자의 행동이 문제가 된다.

그리고 소립자의 운동과 상호작용을 관장하는 자연의 법칙이 비교적 단순한 형태로 나타난다. 이것을 이용하면 자연의 법칙

자체의 성질을 조사할 수 있다. 이것을 좀 더 자세하게 구체적인 예를 들어 고찰해 보자.

예를 들면 자연법칙의 하나로서 친숙한 것이 뉴턴의 운동방정식이다. 이 법칙은 물체의 속도가 광속에 비해 작은 동안은 어디서나 통용되는 법칙이다.

즉 물체에 작용하는 힘 f는 물체의 질량 m과 물체에 작용하는 가속도 a의 곱과 같다는 법칙이다. 그리고 이 $f=ma$라는 식은 서울의 명동을 좌표원점으로 잡고 좌표계를 만들거나, 또는 좌표축을 훨씬 남쪽으로 처지게 해서 대전의 어느 곳에 좌표원점을 잡고 방정식을 만들거나 전적으로 같은 형식으로 표현할 수 있다. 이것을 자연법칙의「공간좌표의 평행이동에 대한 불변성」이라고 한다. 마찬가지로 뉴턴의 법칙을 뉴욕에서 실험하거나 모스크바에서 실험하거나 꼭 같은 결과가 나올 것이다. 그러므로 자연법칙이라는 이름도 붙었고, 같은 물리교과서를 읽고서도 누구나 이해할 수 있다.

또 시간좌표에 대해서도 마찬가지 논의가 가능하다. 18세기에 뉴턴 자신이 발견한 법칙과 현재 중학교에서 하는 실험은 같은 답이 나온다.

이와 같이 시간, 공간좌표계를 아무리 변동하여도 자연법칙의 형태를 동일하게 적을 수 있는 것을 자연법칙의 불변성이라고 한다. 또는 좌표계의 평행이동에 대해 자연법칙은 대칭이라고 한다. 이 성질은 법칙의 기본적 성격이며, 만일 그렇지 않다면 우리는 자연법칙을 발견해 낼 수 없을 것이고, 또 물리학의 연구도 오늘날처럼 진보하지 못했을 것이 틀림없다.

좌표계의 채택 방법에는 지금까지의 평행이동과는 다른 방법

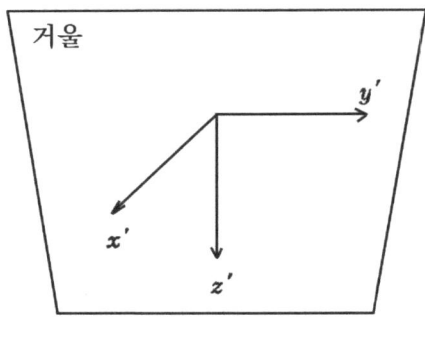

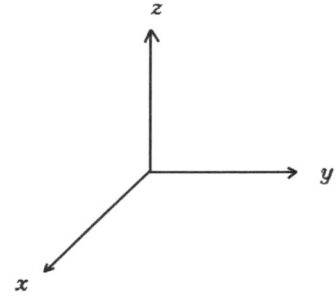

〈그림 94〉 어떤 좌표계 x, y, z와 그 거울상으로서의 좌표계 x´, y´, z´. 천장 거울 속에 보이는 것이 x´, y´, z´계

이 있다. 그것은 거울반사라는 조작이다(〈그림 94〉 참조). 이 그림에서 아래쪽 좌표계와 천장의 거울 속에 비친 좌표계는 xy평면에 대한 z축의 방향이 다르다. 원래 계를 우수 좌표계, 거울 속의 계를 좌수좌표계라고 한다. 그런데 자연법칙은 거울 속의 현상에도 적용될까.

자연법칙이 거울반사에 대해 불변이라는 것은 뉴턴 이래 확인되었으며, 이것도 자연법칙의 전제조건이 되고 있다. 뉴턴의 법칙은 물론이지만 전자기학의 모든 법칙이 그렇고, 감마선과 X선에 관한 몇 가지 실험에서도 옳다는 것이 확인되었다.

공간반전

이 거울반사를 보다 일반화한 조작이 공간반전이다. 처음의 좌표계에 대해 x, y, z축을 모두 방향을 반대로 한 좌표계를 취하는 것을 공간반전이라고 한다. 〈그림 94〉의 거울 속에 있는 계를 z′축 주위로 180° 회전하면 마치 그와 같은 좌표계가 된다는 것을 알 수 있다.

소립자나 원자핵 상태를 나타내는 함수가 이 공간반전에 대해 어떻게 변화하는지 나타내는 양이 반전성인 것은 이미 앞에서 말했다. 자연법칙이 이 공간반전에 대해 불변인 것에서부터 원자핵반응 또는 소립자반응의 전후에서 반응하는 계 전체의 반전성이 불변이라는 결론이 유도된다. 이것을 반전성이 보존된다고 표현한다. 이 반전성 보존법칙을 유도하는 이론은 간단한 설명으로는 불가능하기 때문에 이론은 생략한다.

그런데 이 자연법칙의 대전제가 어떤 특별한 현상에서는 성립되지 않는다는 충격적인 발견이 이루어졌다.

타우 세타 퍼즐

반전성 보존법칙이 강한 상호작용이나, 전자기상호작용이 관여하는 모든 현상에서 좋은 정밀도로서 성립된다는 것은 알고 있었다. 그러나 1950년대에 인공적으로 만들어진 각종 중간자의 붕괴현상을 조사하는 도중에 다음과 같은 이상한 현상이 밝혀지게 되었다.

당시 세타중간자(θ)로 불린 입자는 전자의 약 1,000배의 질량을 가졌는데 2개의 파이중간자로 붕괴한다. 한편 같은 정도의 질량을 가진 타우중간자(τ)로 불리던 입자는 3개의 파이중간자로 붕괴한다.

$$\theta^+ \to \pi^+ + \pi^0$$
$$\tau^+ \to \pi^+ + \pi^+ + \pi^-$$

반전성 보존법칙에 따르면 어미입자인 반전성은 붕괴에 의해 만들어진 딸입자인 2개 또는 3개의 파이중간자 전체의 반전성과 같아야 한다. 한편 각분포 등으로부터 세타입자, 타우입자 모두가 파이중간자와 같고, 스핀이 0이라는 것을 알았다. 그러면 세타입자의 경우 딸은 파이중간자가 2개이므로 파이중간자의 반전성은 -1을 제곱한 플러스의 반전성이 붕괴 후의 계의 반전성이 된다. 붕괴 전의 반전성은 보존법칙보다 플러스가 된다.

이것에 대해 타우중간자에서는 딸이 파이중간자 3개이므로 -1을 세제곱해서 -1, 즉 마이너스의 반전성이 붕괴 후의 계의 반전성이다. 따라서 타우중간자도 마이너스의 반전성이 된다.

이같이 타우중간자와 세타중간자는 스핀이 같고 반전성이 다르다고 한다. 맨 처음 우주선 속에서 발견되었던 이들 입자에 대해 가속기의 실험에 의해 더 정밀한 연구를 할 수 있게 되었다.

그리고 이들 질량과 평균수명은 각각 다음과 같이 주어졌다.

세타중간자에서는

$(968 \pm 5)m_e \quad (1.21 \pm 0.04) \times 10^{-8}$초

타우중간자에서는

$(966\pm1)m_e$ $(1.19\pm0.05)\times10^{-8}$초

여기서 m_e는 전자의 질량으로 숫자는 그의 몇 배인가를 나타낸다.

질량과 평균수명은 실험오차의 범위 내에서 일치한다. 소립자에서는 질량과 수명이 같으면 동일입자라는 것은 상식이다. 그리고 스핀도 같다. 그러므로 타우중간자와 세타중간자는 동일입자로서의 조건이 갖추어져 있다. 그러나 반전성이 반대인 것은 이종의 입자라고 생각해야 한다.

반전성이 다른 두 입자가 존재하고, 질량이 우연히 동일하였다고 인정해야 했다. 이것을 타우 세타 퍼즐이라고 하며 1950년 전반에 큰 문제가 되었다. 수많은 학자들이 이 문제를 풀려고 열중하여, 갖가지 해석이 발표되었지만 누구나 납득할 만한 이론은 하나도 없었다.

리, 양의 이론

뉴욕시 컬럼비아 대학의 리정다오(李政道, Tsung-Dao Lee, 1926 ~ , 〈그림 95〉) 박사와 프린스턴의 고급연구소의 양전닝(楊振寧, Chen-Ning Franklin Yang, 1922 ~ , 〈그림 96〉) 박사는 소립자가 붕괴하는 전후에는 반전성은 반드시 일치하지 않아도 되는 것이 아닌가 하는 대담한 가정을 내렸다.

이렇게 되면 단일입자 케이중간자 K가 어떤 때에는 2개의 파이중간자로 붕괴하든가 3개의 파이중간자로 붕괴해도 된다 (〈표 4〉의 K^+중간자는 τ^+ 혹은 θ^+와 동일입자가 된다).

그러나 그러기 위해서는 관련이 있는 다른 여러 현상에서도

〈그림 95〉 리정다오(李政道)　　〈그림 96〉 양전닝(楊振寧)

사정이 같아야만 한다. 그래서 리, 양 두 박사는 모든 문헌을 찾아 소립자나 원자핵에 관한 실험데이터를 검토해 보았지만, 적어도 발표된 것에는 반전성 비보존을 가리키는 것은 하나도 없었다.

두 박사는 당시 프린스턴 고급연구소장이었던 오펜하이머 박사의 조언에 따라 미국 각지를 여행하며 이 문제에 관심을 갖는 모든 학자와 토론했지만 별 수확이 없었다. 낙담하여 프린스턴으로 돌아온 두 사람을 오펜하이머 박사는 따듯이 격려하고 그 중요성을 인정하여 이 연구를 속행하도록 권장했다.

그리하여 연구를 계속한 두 사람은 드디어 극저온에서 편극한 원자핵을 베타붕괴하면 반전성 불변의 법칙을 실험할 수 있다는 생각에 도달하여 그에 대한 논문을 발표했다.

10장 자연법칙의 불변성과 그 붕괴   213

〈그림 97〉 우젠슝

우 교수의 실험

이 리와 양의 논문은 1956년 여름에 발표되었다. 그와 동시에 베타붕괴 실험에서 제일 앞서고 있던 콜롬비아 대학의 우젠슝(吳健雄, Chien-Shiung Wu, 1912~1997, 〈그림 97〉) 교수는 워싱턴시의 국립도량형국 연구소의 저온연구자 앤블러 박사 그룹의 협력을 얻어 코발트의 실험에 착수했다.

이 실험에서는 먼저 절대0도에 거의 가까운 극저온을 액체헬륨과 자석의 성질을 사용하여 만들어냈다. 절대온도에서 0.001도까지 내린 다음 외계로부터 약한 자기장을 걸면 결정구조 관계로 시료 속의 코발트 60의 원자핵의 스핀이 바깥자기장과 역방향으로 배열된다. 코발트 60은 반감기 5년에서 베타붕괴하고 니켈 60이 되어 다시 감마선을 방사한다.

만약 자연법칙이 거울반사조작을 한 좌표계에서도 같다면 이 실험에서나 또 거울 속에서도 같은 규칙성이 나타날 것이다.

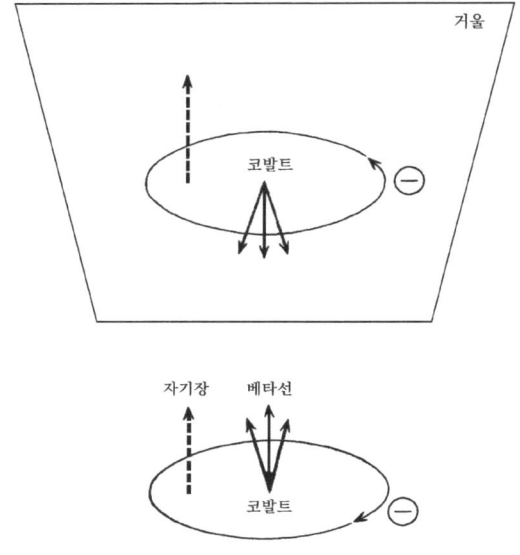

〈그림 98〉 코발트 60에서 복사되는 베타선의 각 분포. 천장 거울 속에 거울상이 보인다

이 실험은 베타선의 각분포를 조사하는 실험이다. 편극된 코발트 60의 원자핵 스핀의 방향(또는 바깥자기장의 방향)에 대해서 베타선이 어떻게 나오는가를 측정한다. 더 구체적으로는 〈그림 98〉의 아래 그림처럼 점선으로 그린 자기장 방향에 대해 베타선이 나오는 빈도를 각도마다 측정한다.

우 교수들의 실험에서는 시료에서 나오는 베타선은 상향으로 나온다는 것이 판명되었다. 즉 베타붕괴의 법칙은 이 좌표계에서 보면「베타선은 자기장방향과 같은 방향으로 나오기 쉽다」고 하였다. 그렇다면 거울 속에서는 어떻게 될까. 자기장은 직접 거울에 비치지 않으므로 마이너스의 전하(예를 들면 금속 속의 전자)가 화살표처럼 원운동을 함으로써 원전류가 역회전으로 흐르고, 따라서 자기장을 대표할 수가 있다.

이 현상을 천장에 있는 거울에 비쳐본다(〈그림 98〉 참조). 거울 속에서도 마이너스전류의 회전방향은 같으므로 자기장은 위쪽을 향한다(거울 속 방향을 향한다). 이에 반하여 튀어나가는 베타선의 방향은 하향이다(거울의 바깥쪽 방향을 향한다). 따라서 거울 속의 좌표계에서의 자연법칙은 「베타선은 자기장방향과 반대방향으로 나오기 쉽다」고 할 수 있다. 이것을 「베타붕괴의 전자는 비대칭으로 각분포한다」고 한다.

따라서 베타붕괴의 경우에는 자연법칙은 공간반전에 대해서는 불변이 아니라는 결론이 된다. 베타붕괴에서는 반전성 보존법칙이 깨진다. 또는 반전성 비보존이라고 한다.

감마선에서는 이렇지 않다. 예를 들면 같은 코발트 60으로부터 방사되는 감마선이 있는데, 이것은 코발트 60이 먼저 베타붕괴하고 니켈 60의 들뜬상태가 만들어져 이 상태가 다시 감마선을 낸다. 이 감마선은 극저온실험에서도 자기장방향에도 그 반대방향에도 같은 빈도로서 계측된다. 따라서 천장의 거울 속에서도 마찬가지로 보인다. 즉 반전성 보존의 반응이다.

반전성 비보존

우 교수의 결과를 알게 되었으므로 콜롬비아 대학의 레더맨 교수 그룹은 동대학의 네비스 사이클로트론연구소에서 뮤입자의 자연붕괴

$$\mu^+ \rightarrow e^+ + \nu_e + \bar{\nu}_\mu$$

의 실험을 하여 이 경우에도 전자의 각분포의 비대칭성을 발견하여 여기서도 반전성 비보존이 확인되었다. 이 실험은 이틀 정도로서 결과가 나왔다.

반전성 비보존이 나타나는 현상, 예를 들어 베타붕괴, 뮤입자의 붕괴, 타우 및 세타중간자의 붕괴 등에 공통된 점은 모든 경우에 소립자 간에 약한 상호작용이 작용한다는 사실이다.

반전성 비보존의 발견은 자연법칙의 기본적인 성질에 관한 사항으로 너무나도 뜻밖이었기 때문에 반향이 대단했다. 그 후 수많은 실험이 있었으나 모두 리, 양 두 박사의 이론을 지지하는 결과를 얻었다.

그리하여 1957년도 노벨상이 두 박사에게 수여되었다.

필자는 반전성 비보존의 실험의 초기 단계부터 수년에 걸쳐 콜롬비아 대학에서 이 연구에 직접 관여하였는데 그 무렵의 이야기를 전해두고 싶다.

1956년 9월에 이론물리학의 큰 국제회의가 미국 시애틀에서 열렸다. 그보다 앞서 1953년 교토(京都)에서 이론물리학국제회의가 열린 적도 있어 유가와, 도모나가 두 박사를 비롯하여 당시로서는 비교적 많은 일본 학자가 출석하였다. 박사 학위를 갓 딴 필자도 이 1956년의 국제회의에는 말석에 참가하였는데, 그 기회에 처음으로 양 교수에게 반전성 비보존의 가능성이 있다는 것과 그 때문에 실험이 진행되고 있다는 것을 듣고 감명을 받았다.

그 후 계속하여 1956년 10월부터 콜롬비아 대학의 우 교수의 연구실에서 연구원으로 근무하게 되어 정말로 다행이었다. 뉴욕에 도착한 후 리, 양 이론의 일반화를 시도하여 코발트 60

10장 자연법칙의 불변성과 그 붕괴 217

이 이 실험에는 극히 적절한 핵종이며, 다른 코발트동위원소나 어떤 종류의 핵종에서는 실험을 해도 결과가 너무 작아져 관측할 수 없다는 것이 판명되었다.

실제로 같은 종류의 실험은 미국의 다른 연구소에서도 시작되어 선두다툼을 하였는데 시료로서의 핵종의 선택 방법에 승부의 귀추가 걸렸던 것 같다.

그리고 12월에는 반전성 비보존이 확인되었다. 이 발견은 모든 물리학자에게 있어서 얼마나 의외였던가를 말하는 일화가 있다. 그것은 여러 학자가 이 실험에 대해 내기를 걸기도 하였는데 제안자 자신인 양 박사마저 반전성 보존 쪽에 걸었다고 전해진다.

1957년 1월 15일 「뉴욕타임즈」는 반전성 비보존의 새 발견에 대한 뉴스를 특집으로 보도했다. 이 신문은 물리학상의 여러 발견에 대한 속보와 정확성으로 정평이 있고, 『피지컬 레뷰』(미국물리학회지) 뉴욕판이라는 별명까지 있을 정도인데, 이때도 학회나 학술잡지에 앞서는 특보였다.

 이 보도는 곧 전 세계로 타전되어 각국의 물리학자를 놀라게 하여 칭찬, 반론, 상세한 조회 전보가 이 세기의 발견자 리, 양, 우의 중국계 세 박사에게 쇄도하였다. 일본에서도 몇 가지 반향이 있었던 것으로 기억한다.

 다음 발표는 그 며칠 후 콜롬비아 대학의 강연회였다. 380명 정원의 물리학 교실의 대강당을 두 배도 넘는 사람이 메우는 대성황이었다. 또 1월 말에는 뉴욕 최대 규모를 자랑하는 호텔 뉴요커에서 정례 미국물리학회 연회가 개최되었는데 사람들의 활기에 넘친 논의로 온 호텔이 흥분에 감싸여 반전성 비보존으로 들끓었다.

 이와 같은 흥분도 흥분이었지만 전후 10년 남짓밖에 안 된 당시 일본은 불탄 자리도 아직 많이 남아 있었고, 자동차의 수도 극히 적었으며, 하물며 연구조건 등은 말할 수 없이 빈약했던 데에 비하여 미국의 연구조건은 놀랄 만한 것이었다. 이것이 미국을 찾아간 필자의 첫인상이었다.

 우 교수들이 사용한 극저온장치를 포함한 실험설비를 〈그림 99〉에 보였다. 현재는 생산법의 개량으로 값이 싼 헬륨도 그 당시는 극히 비쌌다는 점도 있었지만, 이 저온장치에 매일 500달러의 액체헬륨이 소비되었다고 전해진다. 이것은 당시의 미국에서도 연구원 한 달 치의 급료에 해당하며, 일본의 대학에서는 조수 15개월 치의 급료와 맞먹었다. 이런 실험을 약 4개월이나 계속했던 것이다.

 중요한 실험이라면 예산과 인력을 집중적으로 투입할 수 있는 연구체제에는 놀랄 만한 것이 있었다. 이 실험에는 과연 미

10장 자연법칙의 불변성과 그 붕괴 219

〈그림 99〉 우 교수 그룹이 사용한 반전성 비보존 실험장치

국 연구자들도 「갑부의 실험」이라고 수군거릴 정도에서, 그 후 저온을 사용하지 않는 「가난뱅이 실험」이라는 이름이 붙은 반전성 비보존의 실험법이 개발되었다. 또 「갑부의 실험」이라고 전해졌던 저온실험은 1957년부터 58년에 걸쳐 약 6개월간 시간반전에 대한 불변성 실험 때문에 앰블러 박사 그룹에 의해 행해졌다. 이 이론은 저자의 연구에 바탕한 것이며 베타붕괴에서는 불변이라는 것이 증명되었다. 그러나 현재는 케이중간자의 붕괴에 대해서는 시간반전의 불변성이 아주 약간 깨지고 있

다는 것을 알고 있다.

 반전성 비보존의 실험은 그 후 베타입자의 종편극 등을 측정하는 값싼 방법이 고안되어 세계 어디에서든지 쉽게 할 수 있게 되었다. 또 그리고 극저온을 유지하는 기술혁명이 있어 현재도 반전성 비보존 실험이 계속되고 있다.

 자연법칙의 불변성에 관해서 공간반전, 시간반전 이외에「입자와 반입자의 교환에 대한 불변성」에 대해서도 시험되고 있다. 이 불변성은 약한 상호작용 현상으로 극히 일반적으로 깨지고 있다. 이렇게 생각해 보면 약한 상호작용은 단지 힘이 약하다는 것뿐만 아니고 불변성의 붕괴가 그 특징이라고 할 수 있다.

하전공간에서의 대칭성

 하전공간이란 하전 스핀을 생각하기 위해 도입한 3차원의 추상적 공간이다. 약한 상호작용은 시공의 4차원 공간뿐만 아니라 하전공간에 대한 대칭성도 깨지는 것이 아닌가 하는 의문이 제출되고 있다.

 하전공간에서의 반전성 G반전성이라고 한다. 최근 베타붕괴에서는 G반전성 보존이 깨진다는 실험이 이론물리학자들의 협력에 의해 오사카(大阪) 대학에서 성공되었다.

베타입자의 종편극

 편극한 원자핵으로부터 방출되는 베타선이 편극축에 대해 반대방향으로 튀어나간다는 우 교수의 실험은 베타입자(전자)가 그 진행방향에 대해 어떤 일정한 스핀방향을 가진다는 것을 말한다.

먼저 코발트 60의 원자핵에서는 극저온에서 스핀이 자기장에 대해 역방향으로 배열된다는 것은 위에서 말했다. 이 사실은 코발트원자핵이 막대자석의 성질을 가지고 있으며, 먼저 바깥 자기장에 의해서 결정 내의 자기장이 배열되고, 그 영향으로 코발트 60의 막대자석이 배열된다고 이해되었다.

다음으로 코발트 60이 반감기 5년에서 베타붕괴하고 니켈 60이 될 경우의 각운동량의 보존에 대해 고찰해 보자. 코발트 60은 스핀이 5이고, 니켈 60은 스핀이 4이다. 전자와 반중성미자는 각각 스핀 1/2이다. 따라서 베타붕괴

$$^{60}C_0 \rightarrow {}^{60}Ni + e^- + \overline{\nu_e}$$

스핀　5　　　4　1/2　1/2

에서 각운동량의 보존이 성립되기 위해서는 베타붕괴 후에 남은 3입자가 전부 같은 방향으로 스핀이 배열되어야만 한다. 그때에는 4+(1/2)+(1/2)=5가 되어 각운동량의 보존이 성립된다.

일반적으로는 각운동량은 벡터이므로 크기 이외에 방향도 있다. 그리고 덧셈은 벡터가 상쇄되도록 더하여 합칠 수도 있지만, 이 경우에는 전부를 더하도록 할 수 밖에 없다.

그러므로 딸핵의 니켈 60, 전자, 반중성미자의 각 스핀은 전부 평행하고 어미핵인 코발트 60의 스핀방향과 일치한다. 이것에 반하여 전자가 방출하는 방향은 코발트 60의 스핀방향과는 정반대인 것이 관측되었다.

이 두 사실을 결부하면 튀어나가는 전자 즉 베타입자는 운동하는 방향과 역방향으로 스핀이 향한다는 것을 알 수 있다. 이

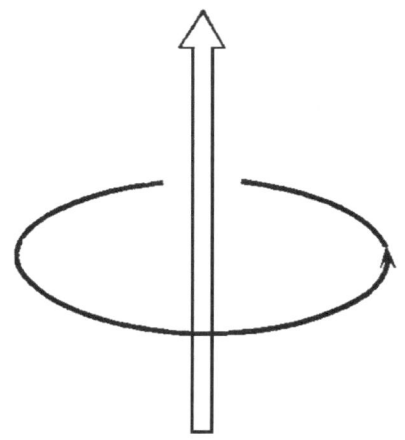

〈그림 100〉 각 운동의 회전방향과 그 벡터 관계는 오른나사와 같다

것을 전자의 종편극이라고 한다.

통상 궤도전자는 이 같은 성질을 가지지 않는다. 전자의 스핀은 1/2이고 그 방향의 상향, 하향의 가능성은 각각 50%씩 존재한다. 그러므로 베타입자의 종편극은 베타붕괴의 특징이며, 그것을 유도하는 약한 상호작용의 특징이기도 하다.

거꾸로 말하면 베타붕괴 때 방출되는 전자의 종편극을 측정할 수 있으면 반전성 비보존이 검증된다. 이 실험은 전자석 내의 철심 속의 전자와 베타입자와의 산란을 측정하면 된다. 전자 2개의 스핀이 정면충돌형이 되느냐, 추돌형이 되느냐의 비율을 측정하면 어느 방향으로 편극한 입자인가를 구별할 수 있다.

이 실험은 극히 소규모로, 더구나 값싸게 할 수 있다. 우 교수의 실험 후, 먼저 프라우엔펠더 박사 그룹에 의하여 행해졌고, 그 후 많은 연구소에서 성공했다.

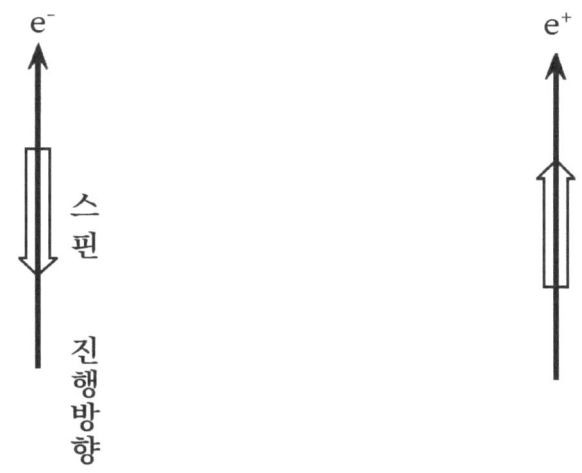

〈그림 101〉 전자는 왼나사, 양전자는 오른나사

그것에 따르면 전자에서는 거의 100% 진행방향과 반대방향으로 스핀이 향한다. 또 양전자는 거의 100% 진행방향으로 스핀이 향한다. 각운동량은 우회전일 때 바른 나사 진행방향으로 벡터를 그린다(〈그림 100〉 참조). 따라서 실제로 입자가 진행하는 방향과 스핀의 방향이 일치하는 양전자를 오른나사라고 한다. 반대로 입자가 진행하는 방향과 스핀방향이 반대로 되는 것을 전자의 왼나사라고 한다(〈그림 101〉 참조).

중성미자에 대해서는 더 자세한 논의가 필요하겠지만 왼나사로 되었고 반중성미자는 오른나사로 되어 있다.

입자·반입자 변환에 대한 불변성의 붕괴

자연법칙은 입자를 전부 그 반입자와 대체했을 때에도 마찬가지로 성립될까. 베타붕괴에서는 이 대칭성도 깨진다. 그것은 전자가 왼나사, 양전자가 오른나사인 것을 보면 곧 안다.

왼나사의 전자로 입자·반입자변환을 하려면 전자의 부호를 마이너스에서 플러스로 바꾸면 된다. 이렇게 된 양전자는 왼나사이다. 그러나 현실 세계에서는 오른나사인 양전자밖에 베타붕괴에서 태어나지 않는다. 즉 입자·반입자변환에 대해서 베타붕괴의 법칙은 대칭성이 깨진다.

이 이야기를 좀 더 재미있게 해보자. 이 우주에서의 코발트 60의 실험

$$^{60}C_0 \rightarrow {}^{60}Ni + e^- + \overline{\nu_e}$$

과 이것에 대한 반우주에서의 반코발트 60의 실험

$$\overline{^{60}C_0} \rightarrow \overline{^{60}Ni} + e^+ + \nu_e$$

를 비교해 보는 일이다.

여기서는 베타붕괴 때 반니켈과 함께 양전자와 중성미자가 방출된다. 즉 우리는 반우주를 만드는 수단을 가지고 있지 못하나 머릿속에서 실험하는 일은 가능하다.

장차 우주여행이 자유로워졌을 경우에도 반우주에서의 실험을 실시하는 일은 아마 불가능할 것이다. 그것은 가령 우리 물리학자들이 반우주에 접근했을 때 마중을 나온 반물리학자와 인사를 하기 위해 악수했다고 하자. 그러면 순간적으로 둘은 합체하여 없어진다. 포지트로늄이 그 예이다.

그러면 사고적인 실험을 진행시켜 보자. 반코발트 60의 스핀은 코발트 60과 마찬가지로 5이고, 그 밖의 다른 입자에 대해서도 코발트 60의 베타붕괴와 똑같으므로 각운동량의 보존법칙

에 따라 편극된 코발트의 스핀방향으로 베타붕괴하여 만들어진 양전자의 스핀이 향할 것이다.

그런데 베타붕괴하여 나온 양전자의 스핀은 진행방향과 같은 방향을 향한다는 것은 앞 절의 종편극실험에서 확인되었다. 따라서 양전자는 편극된 반코발트의 스핀방향으로 튀어간다.

코발트 60의 실험에서는 편극된 코발트의 스핀 방향으로 전자가 튀어나간다. 그러므로 반코발트 60의 실험과는 양상이 달라진다. 이 같은 입자와 반입자를 교체하는 변환에 대해서 베타붕괴 법칙은 불변이 아니다. 일반적으로 약한 상호작용에서는 입자·반입자변환에 대한 불변성이 깨진다.

자연법칙의 대칭성에 관한 연구는 시작된 지 얼마 되지 않지만 물리학의 장래에 새로운 시야를 전개시킬 한 열쇠가 될 것이 예상된다.

자연법칙의 대칭성의 붕괴는 소립자나 원자핵의 반응 등과 더불어 마이크로의 세계에서 발견된 새 현상인데 뜻밖에 복잡한 생물조직 등에서도 나타날지 모른다.

생물의 공통된 DNA나 아미노산 등의 광회전성(빛의 편광면이 물질통과 때에 회전하는 성질)으로부터 생명의 기원을 베타입자의 비대칭성(종편극)에 구하는 시도도 있는 것 같다.

원자핵의 세계
물질의 궁극을 해명한다

초판 1978년 10월 15일
중쇄 2018년 04월 30일
지은이 모리다 마사토
옮긴이 손영수
펴낸이 손영일
펴낸곳 전파과학사
주소 서울시 서대문구 증가로 18, 204호
등록 1956. 7. 23. 등록 제10-89호
전화 (02)333-8877(8855)
FAX (02)334-8092
홈페이지 www.s-wave.co.kr
E-mail chonpa2@hanmail.net
공식블로그 http://blog.naver.com/siencia

ISBN 978-89-7044-002-6 (03420)
파본은 구입처에서 교환해 드립니다.
정가는 커버에 표시되어 있습니다.

도서목록
현대과학신서

- A1 일반상대론의 물리적 기초
- A2 아인슈타인 I
- A3 아인슈타인 II
- A4 미지의 세계로의 여행
- A5 천재의 정신병리
- A6 자석 이야기
- A7 러더퍼드와 원자의 본질
- A9 중력
- A10 중국과학의 사상
- A11 재미있는 물리실험
- A12 물리학이란 무엇인가
- A13 불교와 자연과학
- A14 대륙은 움직인다
- A15 대륙은 살아있다
- A16 창조 공학
- A17 분자생물학 입문 I
- A18 물
- A19 재미있는 물리학 I
- A20 재미있는 물리학 II
- A21 우리가 처음은 아니다
- A22 바이러스의 세계
- A23 탐구학습 과학실험
- A24 과학사의 뒷얘기 I
- A25 과학사의 뒷얘기 II
- A26 과학사의 뒷얘기 III
- A27 과학사의 뒷얘기 IV
- A28 공간의 역사
- A29 물리학을 뒤흔든 30년
- A30 별의 물리
- A31 신소재 혁명
- A32 현대과학의 기독교적 이해
- A33 서양과학사
- A34 생명의 뿌리
- A35 물리학사
- A36 자기개발법
- A37 양자전자공학
- A38 과학 재능의 교육
- A39 마찰 이야기
- A40 지질학, 지구사 그리고 인류
- A41 레이저 이야기
- A42 생명의 기원
- A43 공기의 탐구
- A44 바이오 센서
- A45 동물의 사회행동
- A46 아이작 뉴턴
- A47 생물학사
- A48 레이저와 홀러그러피
- A49 처음 3분간
- A50 종교와 과학
- A51 물리철학
- A52 화학과 범죄
- A53 수학의 약점
- A54 생명이란 무엇인가
- A55 양자역학의 세계상
- A56 일본인과 근대과학
- A57 호르몬
- A58 생활 속의 화학
- A59 셈과 사람과 컴퓨터
- A60 우리가 먹는 화학물질
- A61 물리법칙의 특성
- A62 진화
- A63 아시모프의 천문학 입문
- A64 잃어버린 장
- A65 별·은하 우주

도서목록
BLUE BACKS

1. 광합성의 세계
2. 원자핵의 세계
3. 맥스웰의 도깨비
4. 원소란 무엇인가
5. 4차원의 세계
6. 우주란 무엇인가
7. 지구란 무엇인가
8. 새로운 생물학(품절)
9. 마이컴의 제작법(절판)
10. 과학사의 새로운 관점
11. 생명의 물리학(품절)
12. 인류가 나타난 날 I (품절)
13. 인류가 나타난 날 II (품절)
14. 잠이란 무엇인가
15. 양자역학의 세계
16. 생명합성에의 길(품절)
17. 상대론적 우주론
18. 신체의 소사전
19. 생명의 탄생(품절)
20. 인간 영양학(절판)
21. 식물의 병(절판)
22. 물성물리학의 세계
23. 물리학의 재발견〈상〉(품절)
24. 생명을 만드는 물질
25. 물이란 무엇인가(품절)
26. 촉매란 무엇인가(품절)
27. 기계의 재발견
28. 공간학에의 초대(품절)
29. 행성과 생명(품절)
30. 구급의학 입문(절판)
31. 물리학의 재발견〈하〉(품절)
32. 열 번째 행성
33. 수의 장난감상자
34. 전파기술에의 초대
35. 유전독물
36. 인터페론이란 무엇인가
37. 쿼크
38. 전파기술입문
39. 유전자에 관한 50가지 기초지식
40. 4차원 문답
41. 과학적 트레이닝(절판)
42. 소립자론의 세계
43. 쉬운 역학 교실(품절)
44. 전자기파란 무엇인가
45. 초광속입자 타키온
46. 파인 세라믹스
47. 아인슈타인의 생애
48. 식물의 섹스
49. 바이오 테크놀러지
50. 새로운 화학
51. 나는 전자이다
52. 분자생물학 입문
53. 유전자가 말하는 생명의 모습
54. 분체의 과학(품절)
55. 섹스 사이언스
56. 교실에서 못 배우는 식물이야기(품절)
57. 화학이 좋아지는 책
58. 유기화학이 좋아지는 책
59. 노화는 왜 일어나는가
60. 리더십의 과학(절판)
61. DNA학 입문
62. 아몰퍼스
63. 안테나의 과학
64. 방정식의 이해와 해법
65. 단백질이란 무엇인가
66. 자석의 ABC
67. 물리학의 ABC
68. 천체관측 가이드(품절)
69. 노벨상으로 말하는 20세기 물리학
70. 지능이란 무엇인가
71. 과학자와 기독교(품절)
72. 알기 쉬운 양자론
73. 전자기학의 ABC
74. 세포의 사회(품절)
75. 산수 100가지 난문·기문
76. 반물질의 세계(품절)
77. 생체막이란 무엇인가(품절)
78. 빛으로 말하는 현대물리학
79. 소사전·미생물의 수첩(품절)
80. 새로운 유기화학(품절)
81. 중성자 물리의 세계
82. 초고진공이 여는 세계
83. 프랑스 혁명과 수학자들
84. 초전도란 무엇인가
85. 괴담의 과학(품절)
86. 전파란 위험하지 않은가(품절)
87. 과학자는 왜 선취권을 노리는가?
88. 플라스마의 세계
89. 머리가 좋아지는 영양학
90. 수학 질문 상자

91. 컴퓨터 그래픽의 세계
92. 퍼스컴 통계학 입문
93. OS/2로의 초대
94. 분리의 과학
95. 바다 야채
96. 잃어버린 세계·과학의 여행
97. 식물 바이오 테크놀러지
98. 새로운 양자생물학(품절)
99. 꿈의 신소재·기능성 고분자
100. 바이오 테크놀러지 용어사전
101. Quick C 첫걸음
102. 지식공학 입문
103. 퍼스컴으로 즐기는 수학
104. PC통신 입문
105. RNA 이야기
106. 인공지능의 ABC
107. 진화론이 변하고 있다
108. 지구의 수호신·성층권 오존
109. MS-Window란 무엇인가
110. 오답으로부터 배운다
111. PC C언어 입문
112. 시간의 불가사의
113. 뇌사란 무엇인가?
114. 세라믹 센서
115. PC LAN은 무엇인가?
116. 생물물리의 최전선
117. 사람은 방사선에 왜 약한가?
118. 신기한 화학매직
119. 모터를 알기 쉽게 배운다
120. 상대론의 ABC
121. 수학기피증의 진찰실
122. 방사능을 생각한다
123. 조리요령의 과학
124. 앞을 내다보는 통계학
125. 원주율 π의 불가사의
126. 마취의 과학
127. 양자우주를 엿보다
128. 카오스와 프랙털
129. 뇌 100가지 새로운 지식
130. 만화수학 소사전
131. 화학사 상식을 다시보다
132. 17억 년 전의 원자로
133. 다리의 모든 것
134. 식물의 생명상
135. 수학 아직 이러한 것을 모른다
136. 우리 주변의 화학물질

137. 교실에서 가르쳐주지 않는 지구이야기
138. 죽음을 초월하는 마음의 과학
139. 화학 재치문답
140. 공룡은 어떤 생물이었나
141. 시세를 연구한다
142. 스트레스와 면역
143. 나는 효소이다
144. 이기적인 유전자란 무엇인가
145. 인재는 불량사원에서 찾아라
146. 기능성 식품의 경이
147. 바이오 식품의 경이
148. 몸속의 원소여행
149. 궁극의 가속기 SSC와 21세기 물리학
150. 지구환경의 참과 거짓
151. 중성미자 천문학
152. 제2의 지구란 있는가
153. 아이는 이처럼 지쳐 있다
154. 중국의학에서 본 병 아닌 병
155. 화학이 만든 놀라운 기능재료
156. 수학 퍼즐 랜드
157. PC로 도전하는 원주율
158. 대인 관계의 심리학
159. PC로 즐기는 물리 시뮬레이션
160. 대인관계의 심리학
161. 화학반응은 왜 일어나는가
162. 한방의 과학
163. 초능력과 기의 수수께끼에 도전한다
164. 과학·재미있는 질문 상자
165. 컴퓨터 바이러스
166. 산수 100가지 난문·기문 3
167. 속산 100의 테크닉
168. 에너지로 말하는 현대 물리학
169. 전철 안에서도 할 수 있는 정보처리
170. 슈퍼파워 효소의 경이
171. 화학 오답집
172. 태양전지를 익숙하게 다룬다
173. 무리수의 불가사의
174. 과일의 박물학
175. 응용초전도
176. 무한의 불가사의
177. 전기란 무엇인가
178. 0의 불가사의
179. 솔리톤이란 무엇인가?
180. 여자의 뇌·남자의 뇌
181. 심장병을 예방하자